翡翠概论

邢莹莹 郝琦 王海涛 编著

FEICUI GAILUN

中国地质大学出版社有限责任公司
ZHONGGUO DIZHI DAXUE CHUBANSHE YOUXIAN ZEREN GONGSI

内容提要

本书较为全面地对翡翠的专业知识进行论述，重点论述了翡翠的鉴别、质量评价、玉雕工艺及文化。在编写的过程中，编者认真总结了前人的研究成果，并结合自己的鉴定、科研、教学等工作经验，多次考察各地的翡翠市场，汇集了近年翡翠业内在鉴定和研究中的最新资料，力求使读者对翡翠相关知识有更加系统的了解。

图书在版编目(CIP)数据

翡翠概论/邢莹莹,郝琦,王海涛编著.—武汉:中国地质大学出版社有限责任公司,2012.12(2018.1重印)

ISBN 978-7-5625-2988-0

Ⅰ.①翡…
Ⅱ.①邢…②郝…③王…
Ⅲ.①翡翠-高等职业教育-教材
Ⅳ.①TS933.21

中国版本图书馆 CIP 数据核字(2012)第 309581 号

翡翠概论		邢莹莹　郝琦　王海涛 编著
责任编辑：张 琰		责任校对：张咏梅

出版发行：中国地质大学出版社有限责任公司(武汉市洪山区鲁磨路388号)
电　　话：(027)67883511　　　　　　　　　　邮政编码：430074
传　　真：67883580　　　　　　　　　　　　　E-mail:cbb@cug.edu.cn
经　　销：全国新华书店　　　　　　　　　　　http://www.cugp.cug.edu.cn

开本：787毫米×960毫米 1/16　　　　　　　字数：280千字　　印张：13.75
版次：2012年12月第1版　　　　　　　　　　印次：2018年1月第4次印刷
印刷：荆州鸿盛印务有限公司　　　　　　　　印数：4501—5 500册
ISBN 978-7-5625-2988-0　　　　　　　　　　　　　　　　　定价：56.00元

如有印装质量问题，请与印刷厂联系调换

21世纪高等教育珠宝首饰类专业规划教材

编 委 会

主任委员：
  朱勤文 中国地质大学(武汉)党委副书记、教授

委　　员(按音序排列)：
  陈炳忠 梧州学院艺术系珠宝首饰教研室主任、高级工程师
  方　泽 天津商业大学珠宝系主任、副教授
  郭守国 上海建桥职业技术学院珠宝系主任、教授
  胡楚雁 深圳职业技术学院副教授
  黄晓望 中国美术学院艺术设计职业技术学院特种工艺系系主任
  匡　锦 青岛经济职业学校校长
  李勋贵 深圳技师学院珠宝钟表系主任、副教授
  梁　志 中国地质大学出版社社长、研究员
  刘自强 金陵科技学院珠宝首饰系系主任、教授
  秦宏宇 长春工程学院珠宝教研室主任、副教授
  石同栓 河南省广播电视大学珠宝教研室主任
  石振荣 北京经济管理职业学院宝石教研室主任、副教授
  王　昶 广州番禺职业技术学院珠宝系主任、副教授
  王弗锐 海南职业技术学院珠宝专业主任、教授
  王娟鹃 云南国土资源职业学院宝玉石与旅游系主任、教授
  王礼胜 石家庄经济学院宝石与材料工艺学院院长、教授
  肖启云 北京城市学院理工部珠宝首饰工艺及鉴定专业主任、副教授
  邢莹莹 华南理工大学广州汽车学院珠宝系
  徐光理 天津职业大学宝玉石鉴定与加工技术专业主任、教授

薛秦芳	中国地质大学(武汉)珠宝学院职教中心主任、教授
杨明星	中国地质大学(武汉)珠宝学院院长、教授
张桂春	揭阳职业技术学院机电系(宝玉石鉴定与加工技术教研室)系主任
张晓晖	北京经济管理职业学院副教授
张义耀	上海新侨职业技术学院珠宝系主任、副教授
章跟宁	江门职业技术学院艺术设计系系副主任、高级工程师
赵建刚	安徽工业经济职业技术学院党委副书记、教授
周　燕	武汉市财贸学校宝玉石鉴定与营销教研室主任

特约编委：

刘道荣	中钢集团天津地质研究院有限公司副院长、教授级高工
	天津市宝玉石研究所所长
	天津石头城有限公司总经理
王　蓓	浙江省地质矿产研究所教授级高工
	浙江省浙地珠宝有限公司总经理

策　划：

梁　志	中国地质大学出版社社长
张晓红	中国地质大学出版社副总编
张　琰	中国地质大学出版社教育出版中心副主任

改版说明

——记庐山全国珠宝类专业教材建设研讨会之共识

中国地质大学出版社组织编写和出版的"高职高专教育珠宝类专业系列教材"从2007年9月面世至今已经过去三年。为了全面了解这套教材在各校的使用情况及意见，系统总结编写、出版、发行成果及存在问题，准确把握我国珠宝教育教学改革的新思路、新动态、新成果，中国地质大学出版社在深入各校调研的基础上，发起了召开"全国珠宝类专业课程建设研讨会"的倡议，得到各校专家的广泛响应。2010年8月10日～13日，来自全国27所大中专院校的48位珠宝教育界专家汇聚江西庐山，交流我国珠宝教育成果，研讨课程设置方案，并就第一版教材存在的问题、新版教材的编写方案等达成以下共识。

一、第一版教材存在的问题及建议

按照2005、2006年商定的编写和出版计划，"高职高专教育珠宝类专业系列教材"共组织了十多所院校的专家参加编写，计划出版20本，实际出版12本，从而结束了高职高专层次珠宝类专业没有自己的成套教材的历史。在编写、出版、发行过程中存在的主要问题是：

(1) 整套教材在结构上明显失衡，偏重宝玉石加工与鉴定，首饰设计、制作工艺、营销和管理方面的教材比重过小。已经出版的12本教材中，属于宝石学基础、宝玉石鉴定方面占2/3，而属于设计、制作工艺、管理及营销方面的只占1/3，不能满足当前珠宝首饰类专业人才培养的需要。造成这种状况的一个重要原因是，编委会所组织的参编学校中，结晶学、矿物学、岩石学基础普遍较好，宝石加工、鉴定力量较强，而作为首饰设计、制作工艺基础的艺术学基础和作为经营管理基础的管理学相对薄弱。因此建议在改版时加强薄弱环节，并补充急需的教材选题。

(2) 编写计划在各校实施不平衡，金陵科技学院、安徽工业经济职业学院、上海新侨学院、上海建桥学院等院校较好地完成了预定编写计划。但有些学校由于各种原因，计划实施得并不顺利，有些学校甚至一本都没有完成。造成有些用量很大而极其重要的教材至今仍然没有出来，影响了正常的教学需要。因此建议改版时将这些选题作为重点重新配备编写力量，以保证按时出版。

(3) 或多或少都存在着内容重复或缺失现象。调查发现，有的内容多本教材涉及，但又都没交代清楚，感觉不够用；而有的重要内容，相关教材都未涉及。造成这种状况的一个重要原因是，主编单位由编委会指定，既没有发动各校一起讨论编写大纲，也没有组织编委会审稿，主要由主编依据本校教学要求编写定稿，无法充分考虑其他学校的基本要求和吸收各校的教学成果。因此建议加强各校之间的交流，改版时主编单位拟好编写大纲后要广泛征求使用单位的意见，编委会要对大纲和初稿审查把关，以确保编写质量。

二、新版教材的编写方案

(1) 丛书名称改为"21世纪高等教育珠宝首饰类专业规划教材"，以适应服务目标的变化。第一版的目标定位是以满足高职高专教育珠宝类专业教学需要为主，兼顾中职中专珠宝教育及珠宝岗位培训需要。当时根据高职高专教育主要培养高技能人才的目标要求，提出了五项基本要求：以综合素质教育为基础，以技能培养为本位；以社会需求为基本依据，以就业需求为导向；以各领域"三基"为基础，充分反映珠宝首饰领域的新理念、新知识、新技术、新工艺、新方法；以学历教育为基础，充分考虑职业资格考试、职业技能考试的需要；以"够用、管用、会用"为目标，努力优化、精炼教材内容。

这几年，珠宝教育有了比较大的变化，社会对珠宝人才的需求也有变化，其中上海建桥学院、南京金陵学院、梧州学院等院校已经升为本科，原来的目标定位和编写要求已经不合适。为此，委会经过认真研究，决定将丛书名改为"21世纪高等教育珠宝首饰类专业规划教材"，以适应培养珠宝首饰行业各类应用人才的需要,同时兼顾中职中专及岗位培训的需要。在内容安排上,要反映珠宝行业的新发展和珠宝市场的实际需求,要反映新的国家标准,要突出实际操作和应用能力培养的需求。

(2)调整和充实编委会,明确编委会职责,增强编委会的代表性和权威性。与会代表建议,在原有编委会组成人员的基础上,广泛吸收本科院校、企业界的专家参与,进一步充实编委会,增强其权威性。在运作上,可以分成两个工作组,一个主要面向研究型人才培养的,一个主要面向应用型人才培养的。编委会的主要职责是:①拟定编写和出版计划、规范、标准等,为编写和出版提供依据;②确定主编和参编单位,审定编写大纲,落实编写和出版计划;③审查作者提交的稿件,把好业务质量关;④监督教材编辑出版进程,指导、协调解决编辑出版过程中的业务问题。

(3)按照分批实施、逐步推进的思路确定新的编写计划。编委会计划用三年时间构建一个"21世纪高等教育珠宝首饰类专业规划教材"体系,整个体系由基础、鉴定、设计、加工、制作、经营管理、鉴赏等模块组成,每个模块编写3~6门主干课程的教材,共计编写、出版教材32种。与原来的体系相比,新体系着重加强了制作(8种)、设计(4种)、经营管理(4种)等模块的分量,并增列了文化与鉴赏方面的教材。会上,按照整合各校优势、兼顾各校参编积极性的原则,建议每种教材由1~2所学校主编,其他学校参编;基础好的学校每校可以主编2~3种教材,参编若干种。

编写出版的进度安排:2010年底前完成编写大纲的修订、定稿工作,确定每个年度的编写和出版计划,修编出版珠宝英语口语等选题;2011年秋季参编宝石学基础、贵金属材料及首饰检验、首饰设计与构思、翡翠宝石学基础、首饰制作工艺、珠宝首饰营销基础、首饰评估实用教程、钻石及钻石分级、宝石鉴定仪器与鉴定方法等;其他品种2011年着手编写/修编,争取2012年秋季出版。

三、固化会议形式,建立固定交流平台

与会专家认为,随着珠宝行业的快速发展,我国珠宝教育有了长足的进步,开办珠宝首饰类专业的学校也越来越多,但是由于业界没有一个共同的交流平台,相互之间缺乏沟通,无法相互取长补短,共同提高。这次中国地质大学出版社牵头,把相关学校召集在一起交流经验,探讨专业建设和教材建设大计,为我们搭建了很好的平台,意义非凡而深远,为珠宝教育界做了一件大好事,由衷地感谢中国地质大学出版社,同时也希望中国地质大学整合珠宝学院和出版社的力量,牵头建立全国性的珠宝教育研究组织,作为全国珠宝教育界联系和交流的平台,每1~2年召开一次会议,承办单位和地点,可以采取轮流坐庄的办法,由会员单位提出申请,理事会确定。

《21世纪高等教育珠宝首饰类专业规划教材》编委会
2010年7月6日于武汉

前　言

中华玉文化历史悠久，蜚声海外，并以其独特的艺术风格和浓厚的民族特色赢得了"东方艺术"之盛誉。这些玉石经过精雕细琢和诠释美化，成为了一些人生活中不可缺少的精神寄托，无处不在。在我国的艺术宝库中，延续8 000年经久不衰的，是"玉"；与人们生活息息相关的，也是"玉"。"玉"已经深深地融合到中华传统文化与礼俗之中，充当着特殊的角色，发挥着其他工艺美术品不可替代的作用，并深深打上了政治、宗教、道德的烙印，蒙上了一层难以揭开的神秘面纱。

随着历史的发展，从新石器时代的萌芽时期开始，中华玉文化经历了孕育、成长、演变、发展、繁荣及巅峰时期。在中华玉文化的滋养下，各种玉石在中华文明的长河中绽放出绚烂的花朵，出现了中国四大名玉——和田玉、绿松石、岫玉和独山玉，以及玛瑙、孔雀石等一系列玉石的品种。这些玉石，在古老的先民手中被制成一件件令人瞠目的摆件、饰品，与中华民族至真、至善、至美、至纯的情感合而为一，在人类历史文明的长河中闪烁着瑰丽的光芒。

明清时代翡翠的进入，使华夏玉文化史又翻开了一页崭新的篇章。翡红似火，翠绿如春，这就是翡翠。"翡翠"本非玉名，在远古时代，它代表着一种彩羽鸟，翡为红羽鸟，翠为翠羽鸟，合称"翡翠"。如今，"翡翠"已成为经历几百万年地质作用形成的硬玉岩的专有名词，并带给我们数不尽的奥秘。这种具有神秘气息、含蓄庄重、纯洁柔美的玉石，被视为吉瑞与祥和的象征，寄托着一种向往、一种精神力量和一种内心的安宁与坦然。

古语道"玉不琢，不成器"，一块美玉只有经过琢玉人的巧妙构思和鬼斧神工般的雕琢，才能成为一件精美绝伦的艺术珍品。琢玉大师将翡翠的玉质、玉色与工艺技术、民族特色融琢于一体，琢成的玉器精品无愧是中华文化的传承之物,同时也是世界艺术之林的宝贵财富。翡翠,既有玉石的温润内敛,又有宝石的丰富色彩,再加上优美的造型和精湛的玉雕技艺,因而是世界上独一无二的艺术瑰宝,深受不同阶层、不同职业、不同文化层次、不同年龄阶段和不同性别的消费者的普遍欢迎,成为了当之无愧的"玉石之王"。

现今,翡翠在我国珠宝市场大量流行。成熟的翡翠市场主要集中在中国(如中国广州的玉器街、揭阳阳美、南海平洲及肇庆四会等)和缅甸。翡翠做成的饰品和摆件,受到中国甚至整个东南亚区域大众的狂热追捧,在如今物质社会极大发展的时期,将"黄金有价,玉无价"的古语发挥得淋漓尽致。翡翠已经成为了华夏民族之瑰宝,艺术殿堂之奇葩,其丰富的内涵如同一部壮丽的诗篇,记载了历史的使命并传承了华夏的文化。

本书较为全面地对翡翠的专业知识进行论述,重点论述了翡翠的鉴别、质量评价、玉雕工艺及文化。在编写的过程中,编者认真总结了前人的研究成果,并结合自己的鉴定、科研、教学等工作经验,多次考察各地的翡翠市场,汇集了近年翡翠业内在鉴定和研究中的最新资料,力求使读者对翡翠相关知识有更加系统的了解。本书将翡翠的系统知识分为七章,第一章主要介绍翡翠的由来和兴起;第二章主要是翡翠的鉴别与赏析,通过其矿床、宝石矿物学特征、质量评价及优化处理来进行全面的阐述;第三章主要介绍翡翠与相似宝玉石品种的鉴别,如软玉、蛇纹石玉等;第四章主要论述翡翠原石的类型、特征及鉴别,并对赌石文化作了简要的介绍;第五章主要介绍翡翠的市场分类及主要国家的详细市场现状;第六章主要介绍使翡翠充分展示中华玉文化魅力的玉雕工艺;第七章主要阐述翡翠的颜色、图案等文化内涵。

本书以较为通俗易懂的语言介绍了翡翠从鉴别、加工到文化的专业知识,适用于珠宝类相关专业高等学历或非学历教育教学用书或教学参考书,也可供珠宝领域学者、科研人员参考。

由于近年来翡翠研究的发展速度很快,加上时间仓促,疏漏与不足之处在所难免,恳请读者批评指正。

本书由邢莹莹、郝琦、王海涛编著,其中第二、三、四、五章由邢莹莹编著,第一、七章由郝琦编著,第六章由王海涛编著。张攀、高孔、黄斌、赵倩怡、刘喜锋对部分章节作了全面细致的修订,并提供部分素材。

广州花都云峰(国际)珠宝服饰有限公司(以下简称云峰珠宝)为本书的出版(包括部分翡翠实物拍摄)提供了帮助,在此深表感谢。云峰珠宝多年来精心打造云峰珠宝品牌,并积极倡导产学研相结合的发展道路,使云峰珠宝在人才培养、营销等方面取得了长足进步。

在本书的编撰过程中,还得到了社会各界同仁、华南理工大学广州学院珠宝学院部分教师和在校学生的帮助和支持,在此表示衷心的感谢!

编　者

2012 年 9 月

目　录

第一章　概　述 …………………………………………………………………（1）

　　第一节　翡翠的由来 …………………………………………………………（1）

　　第二节　翡翠的兴起 …………………………………………………………（3）

第二章　翡翠鉴赏 ………………………………………………………………（7）

　　第一节　翡翠的矿床及开采 …………………………………………………（7）

　　第二节　翡翠的宝石矿物学特征 ……………………………………………（16）

　　第三节　翡翠的品质评价 ……………………………………………………（37）

　　第四节　翡翠的优化处理及鉴别 ……………………………………………（54）

第三章　翡翠与相似宝玉石品种及其鉴别 ……………………………………（75）

　　第一节　中国四大名玉 ………………………………………………………（75）

　　第二节　钠长石玉与翡翠的鉴别 ……………………………………………（95）

　　第三节　石英岩玉与翡翠的鉴别 ……………………………………………（96）

　　第四节　符山石玉与翡翠的鉴别 ……………………………………………（99）

　　第五节　钙铝榴石玉与翡翠的鉴别 …………………………………………（100）

　　第六节　葡萄石与翡翠的鉴别 ………………………………………………（100）

　　第七节　天河石与翡翠的鉴别 ………………………………………………（101）

　　第八节　玻璃与翡翠的鉴别 …………………………………………………（102）

第四章　翡翠原石 ………………………………………………………………（103）

　　第一节　翡翠原石的类型 ……………………………………………………（103）

　　第二节　翡翠原石的特征 ……………………………………………………（108）

第三节　翡翠原石的鉴别 ………………………………………………（117）
　　第四节　赌　石 …………………………………………………………（120）

第五章　翡翠市场 ……………………………………………………………（128）
　　第一节　翡翠市场分类 …………………………………………………（128）
　　第二节　典型翡翠市场简介 ……………………………………………（131）

第六章　翡翠玉雕工艺 ………………………………………………………（143）
　　第一节　玉雕工艺发展史 ………………………………………………（143）
　　第二节　玉雕加工工具及特征 …………………………………………（149）
　　第三节　翡翠玉雕加工工序 ……………………………………………（152）
　　第四节　玉雕工艺技法 …………………………………………………（158）

第七章　翡翠文化 ……………………………………………………………（164）
　　第一节　翡翠的文化表现 ………………………………………………（164）
　　第二节　翡翠的饰品文化 ………………………………………………（184）

参考文献 ………………………………………………………………………（202）

第一章 概　述

第一节　翡翠的由来

　　翡翠有着中国独有的高雅与华贵的气质,体现出独特的东方文化。凝视翡翠,可以陶冶高洁的情操,净化浮躁的心灵。那么,翡翠出产在哪里？翡翠最初又是如何被发现的？

　　据史书记载:"红翡绿翠水玉王,精雕细琢传家宝。均生帕敢。"翡翠产于缅甸密支那以北东经96°3′北纬25°8′的帕敢地区乌龙江流域。中国自东汉时期,就在腾冲设置永昌郡,其下管辖地域就远达密支那以北的帕敢地区。明朝时,设腾越府。《滇黔游记》上有"腾越出碧玉"的记载。所谓"玉出云南"(玉出勐卯,玉出腾越)指的就是出产地密支那北部的龙肯和帕敢地区。这地方原来是中国云南的管辖地。《中印缅交通史》中述:"自元代开滇以来,数百年间,产于勐养土司(瑞丽勐卯管辖地)之翡翠,红、蓝宝石,玛瑙琥珀等珠宝玉器,因交通便捷,逾为内地人所注目。商人采之,转贩各处。云南地当中界,为重要市场,故购买珠宝者,辄或疑云南为其产地,呼其为'云南玉'。"直到1885年,英国侵占缅甸后将翡翠产区帕敢一带划入缅甸版图。从此,"翡翠产于缅甸"成了后期的固定说法。由此可见,翡翠从汉代就作为贡品进入中国,但此时还没有被称为"翡翠",只是作为普通玉石中的一种少量进入中国。

　　多数翡翠矿位于缅甸西北部的雾露河(又译乌尤河)流域。由缅甸第二大城市——瓦城,沿铁路北上,抵达孟拱后西行100km左右,就到达雾露河畔著名的翡翠产地——帕敢。帕敢这个小城的常住人口只有8万左右,当地自然环境恶劣,湿热滋生蚊蝇,条件非常艰苦,而就是这样的环境也仍然无法抵挡翡翠散发出来的诱惑,翡翠贸易使得当地的流动人口高达18万之多,其中华人占多数,另有缅甸人、泰国人、巴基斯坦人、印度人等。

　　我国由明朝末年开始青睐翡翠,到20世纪中叶,历经300多年。期间,人们都是挑选出产优质翡翠多的场口进行开采,当时人们挑选翡翠原料的要求很高,必须有种(水)有色,否则一律当作废石抛弃或用作建筑材料。在这段时间内,优质翠料价格也很低廉,而且历史上曾出产过很多著名的好料和大料。例如清朝前期腾冲人尹文达采到的绮罗玉,大到锯成薄片制作悬挂的方形大灯;清光绪年间王相贤家的"王家玉",做成翡翠手镯500多对,每对按当今市场价格可值100万人民币;太平街王振坤家的"会卡玉",重达数吨,切成直径80多厘米的八片,其中七片要价数百万银元;此后又陆续出产过多块质量极优的巨大翡翠,如"肖家玉"、"官四玉"、"段家玉"等。时至今日,老场口已开采枯竭,好料极其少见。而且块头亦小,但价格却高涨得惊人,2000年雾露河河床的矿井中出过一块重仅7.5kg的极佳翡翠原料,在缅甸首都仰光以2 400万美元售出,可谓天价。

翡翠在中国正式登上历史舞台充满了戏剧性,传说将翡翠正式推向中国历史舞台的是云南的马帮。明末清初一位在瑞丽经商的景颇族杂货商,经常往返于中缅边境做买卖。一次春节前,货卖得很快,他挑着担子往家走,由于扁担两头轻重不均便在山路边上随便捡了一块石头放在较轻的一头保持平衡。到家后他将这块石头往墙角一丢,石头摔成了两半,两块绿色的石面展现在眼前。那晶莹透亮的绿石头一下子征服了杂货商和中国人,这种石头就是后来备受全中国人民追捧的翡翠。翡翠在中国首次不经意的亮相引起了大家的注意,后因其色泽艳丽、产出稀少,具有玻璃光泽、质地滋润、硬度高,其风采逐渐超过了和田玉和其他玉石。

传说当翡翠刚刚传入中国时,人们只知道这是非常好看的玉,但没人能够叫上它的名字。一天,一个从缅甸贩卖翡翠原石的商人拉着一车的石头从缅甸往中国境内走,途中由于天气炎热,他把车停下来在湖边休息,这里风景宜人,鸟语花香。商人正在享受着自然风光时,忽然见到只有一对羽毛鲜艳娇美的鸟儿在湖中心独享一片天地,一只鸟的羽毛是绿色的,一只鸟的羽毛是红色的。商人从未见过如此美丽的鸟儿,正巧从路边走来了一位老者,商人问:"老人家,那湖中心的一绿一红的鸟是什么鸟?怎么长得那么好看?"老者一听笑着说:"那是我们当地有名的翡翠鸟啊,这种吉祥鸟是几年才能看到一次的,你刚来这里就能见到,你真是好运气呀!"商人听罢非常高兴,拿出一块好的玉料赠予老者。老者问:"这是什么玉?质地和颜色竟如此漂亮!"由于当时还没有关于这种玉石的确定称谓,商人向湖中心的翡翠鸟望去,这时他惊奇的发现,翡翠鸟羽毛的颜色和他的玉石的颜色非常的相似,再仔细一看那两只翡翠鸟就好像是用翡翠雕成的一样,于是他灵机一动,告诉老者:"这玉就叫做'翡翠'。"

古人把"翡翠"用来指玉石,原本是从色彩的角度进行的一种借代,我们通过查阅一些文献可以发现,在明朝中期以前,"翡翠"这个词语是专指鸟类的一种,直至明朝晚期,"翡翠"一词才被用于特指硬玉,完成了易名的整个过程。汉代班固的《西都赋》中有"翡翠火齐,流耀含英","火齐"指的是玫瑰珠石,这里既可以用来指玉石的色彩,也可以认为指玉石。很多专家和历史学家在著作中指出翡翠作为玉石在中国出现的历史,甚至追溯到周代,这完全是有依据的,但它与我们现在所讲的玉石已是两种不同的概念。

第二节　翡翠的兴起

其实,早期翡翠并不名贵,身价也不高,不为世人所重视。直到 18 世纪,翡翠才真正大量进入中国。

唐代时,著名诗人陈子昂写了一组 38 首的《感遇》诗,其中第 23 首中写道:"翡翠巢南海,雌雄珠树林。……旖旎光首饰,葳蕤烂锦衾。……"意思是:翡翠鸟在南海之滨(南海是位于中国南方的陆缘海,为西太平洋的一部分)筑巢,雌雄双双,栖息在繁茂的树林中。……美丽的翠羽制成的首饰光艳夺目,用翠羽装饰的被褥绚丽多彩。由此可知,在 1 000 多年前的唐代,"翡翠"还是专门指代鸟,是一种翠鸟的羽毛,可以作为珍贵的首饰原料。

经过 1 000 多年的发展,清代学者纪晓岚在著名作品《阅微草堂笔记》中写道:"盖物之轻重,各以其时之时尚无定滩也,记余幼时,人参珊瑚、青金石,价皆不贵,今则日昂;……云南翡翠玉,当时不以玉视之,不过如蓝田乾黄,强名以玉耳,今则为珍玩,价远出真玉上矣。"纪晓岚生于 1724 年,1805 年去世。《阅微草堂笔记》卷十五写于乾隆癸丑年(即乾隆五十八年,公元 1793 年),由此可知,在纪晓岚年幼时,也就是距今 260 多年前,人们不认为翡翠是真正的玉,而是如同今陕西蓝田出产的黄绿色蛇纹石大理岩,因此一点也不珍贵。约 60 年后纪晓岚写书时,即距今约 200 年前,翡翠的优点已为人们认识,因而成为比和田玉更受欢迎的玉石了。由此可知,也就是清代乾隆皇帝统治这 60 年间,玉石翡翠的地位发生了很大的变化。乾隆年间,有官员到永昌(今云南保山一带)买宝石,经人介绍见到了高档翡翠,认为比中国的传统玉石——和田玉,还要美得多,于是选高档翡翠料精雕成玉器献给乾隆皇帝。乾隆大为欣赏,认为超过了过去视为珍宝的和田玉,并命名为"帝王玉",这也是今天质量最佳的翡翠叫做"帝王玉"的起源。当时乾隆下令大量购买高档翡翠制作玉器,经过宫廷这一提倡,翡翠的价格飞速上涨,这也正是纪晓岚在《阅微草堂笔记》中记述的经过。此后,大约再也没有人用"翡翠"来指代翠鸟的羽毛了,"翡翠"一词成了专指一种珍贵玉石的名词。

更有意思的一种说法是,"翡翠"是"非翠"的谐音。那时中国的和田玉是最受人们推崇的,中国人只认识和田玉。虽然这种外来的玉也很漂亮,但是人们一时间还很难接受它。由于它的色彩以绿色为主,所以人们为了把它和和田玉当中的翠玉区分开来,就叫它"非翠",又经过了很多年的变化,慢慢演化为"翡翠"。

但无论翡翠的名字的由来是怎样的,一个毋庸置疑的事实摆在了人们的面前——也就是到了清代,中国的翡翠文化正式进入鼎盛时代。翡翠制品在清代民间广为流传,以致我们今天所能见到的翡翠古旧器物多为清代产品。至 18 世纪末,翡翠已是昂贵的珍玩了。

翡翠在中国拥有"玉石之王"的头衔,是在封建帝王制度下,与一个男人和一个女人的作用至关重要,这个男人就是前面提到的乾隆皇帝。乾隆在位时,翡翠的价格开始上扬,但始终没有完全替代和田玉在中国历史上的绝对统治地位。但是,通过历史上一个著名的女人——慈禧太后,翡翠文化彻底超越了中国几千年的白玉文化,成为中国玉石文化长河中的新秀。

慈禧太后是满族人,一生极尽奢华,爱美、爱财如命。据说慈禧生前所戴过的翡翠首饰,一件是"翠荷玉珮",象征着心平气和、平平安安;另一件是"翠灵芝珮",则寓意事事如意、心想事成。慈禧太后的头饰,全由翡翠及珍珠镶嵌而成,制作精巧,每一颗翡翠或珍珠都能单独活动;手腕上戴玉镯;手指上戴 10cm 长的玉指套;膳具是玉碗、玉筷、玉勺、玉盘。慈禧太后拥有 13 套金钟、13 套玉钟,是皇宫乐队的主要乐器。玉钟悬挂于 2.67m 高、1m 宽的雕刻精巧的钟架上。1900 年,义和团起义,慈禧太后逃离北京,所带的珍宝也主要是精美的玉器。她凭借皇权从民间搜刮了大量的玉器供自己把玩,极大地丰富了清宫的藏品。因为慈禧太后对翡翠的格外推崇,这个来自缅甸的著名特产一时间在大清王朝境内变得身价百倍,名声大噪。清朝的王公贵族们都为自己能得到一两件水头好的翡翠物件而感到无比的荣耀。

那么,慈禧太后为什么如此喜爱绿色的翡翠呢?翡翠文化为何能够凭借短短几百年的历史,仅仅用几十年时间就超越了在中国发展了几千年的白玉文化,荣登"玉石之王"的宝座呢?

翡翠能成为"玉中之王"的原因很多,但可以充分肯定的是,翡翠自身的客观条件为其提供了必要的基础——即翡翠的美丽、稀有、适用和耐用。

1. 美丽

首先,翡翠以其明亮润泽的玻璃光泽区别于大多数的玉石;其次,翡翠以其或清澈靓丽,或隐约朦胧的质地而独具一格,备受世人的喜爱。与软玉(包括羊脂白玉)等其他玉相比较,翡翠的美丽程度堪称一流。上等的翡翠,其色泽灵润亮丽,通透晶莹,艳美迷人,且翡翠的颜色极为丰富,有绿、红、黄、白、蓝、青、紫、淡紫、粉红、黑等,真可谓五彩缤纷,艳丽多姿。其中红色为翡,绿色为翠(但翡翠并非专指红色和绿色)。高品级的翡翠绝大多数呈绿色,绿色是大自然的主色调。翡翠的绿色有翠绿、葱绿、苹果绿、秧苗绿、黄阳绿,等等。上等翡翠的绿如仙露欲滴,胜过一泓秋水。可以毫不夸张地说,翡翠的美丽胜过了现在人们所发现的其他任何玉石。翡翠不但具有典型的外在美——光泽美、颜色美、质地美,更具有丰富的内涵美。翡翠以绿为高贵,其色泽或深邃如云似苔,但艳而不俗,浓而不枯;或如春林吐芳,碧绿清澄,生机盎然,预示着生命之树常青,象征着国运、家运欣欣向荣。翡翠秀外慧中的光芒,不晦涩、不消沉、不浮华、不轻狂、不偏激,宁静而高雅,这正是中国人追求和赞美的品格;它刚柔相济的质地,坚韧、温良,或含而不露,或光明坦荡,恰似中国人性格的写照。它代表着一种向往、一种寄托、一种内心的安宁与坦然,一种积极的生活态度、一种健康的精神力量而永恒地造福于世人。正因为翡翠具有这样美好的形象和内涵,所以它是东方人,特别是中国人厚爱的玉石,被人们视为吉瑞与祥和的象征。

2. 稀有

长期以来,翡翠专指美丽的、可以作首饰及高级玉雕原料的商品级的硬玉岩。软玉、岫玉、玛瑙等玉料虽然也很美丽,但玉矿分布广,产地多,开采起来也不难。目前,虽然在日本、哈萨克斯坦、俄罗斯、美国及危地马拉等国家的某些地区,也发现有硬玉矿岩,但这些国家出产的翡翠,远远比不上缅甸出产的翡翠。商品级的,尤其是高档次的翡翠,只有缅甸北部的帕敢、勐拱、南歧等地区出产,可知世界上翡翠资源十分有限。尤其需要指出的是,缅甸的翡翠资源不可再生,经过不断地开采,储量越来越少,很多玉石厂的开采工作也越来越难。资源的减少和人们需求的不断增加,是这些年来中高档翡翠的市场价格不断上涨的主要原因。

3. 适用

并不是每一种宝玉石都具有广泛的适文化层次。同年龄阶段和不同性别的适用性,如老人佩戴水晶或钻戒、小孩佩戴钻石饰品就显得很不得体;男人佩带红宝石戒指也显得不太适宜;用寿山石来做装饰性的挂件,简直就有点匪夷所思;用和田玉来做戒面也难以体现出好的效果,等等。然而,翡翠具有广泛的适用性:它适合于制作挂件、摆件、雕件、手镯、戒面、吊坠、生活用具等任何首饰及多种工艺品。翡翠制品雅俗共赏,无论是富丽高雅的场所,还是平凡普通的百姓之家,都可以置放和使用翡翠饰品,它不受文化层次、职位高低、收入多少的限制。价格高昂的翡翠极品,一对手镯可值上千万元,一粒戒面可值几十万甚至上百万元;价格一般的,哪怕三五百元乃至几十元的翡翠饰品,佩戴在身亦感觉良好。翡翠饰品不受年龄、性别的限制,无论是小孩、年轻人还是成年人,男女老幼均可佩戴。

4. 耐用

翡翠的硬度较高,结构致密,具有较高的耐磨性和韧性;同时翡翠还具有较好的耐热性,钻石在空气中加热至800℃会燃烧而成为炭灰,而翡翠在1 000℃左右方能熔化为玻璃状;翡翠有良好的承压性,其承受静压力的能力强于钻石和普通的钢材;翡翠在空气中化学性质稳定,不发生次生变化,具备了高档宝石的条件。在不与强酸接触的情况下,翡翠可以永久保存,弥久常新,熠熠生辉。若经常佩戴,勤于保养,天然翡翠的色彩及透明度还会随着使用时间的久远而更加明丽、通灵和润泽。

由于翡翠的美丽、稀有、适用、耐用的特性非常突出,所以它在过去的年代就极为珍贵,多为帝王富豪所占有,高档的翡翠非常昂贵,其价格远远高于其他玉石和许多种类的宝石;又由于翡翠具有极其广泛的适用性,深受不同阶层、不同职业、不同文化层次、不同年龄阶段和不同性别的消费者的普遍欢迎,其应用范畴远远超过其他宝玉石,所以,翡翠当之无愧地成为"玉中之王"。

第二章 翡翠鉴赏

19世纪中叶,法国矿物学家Amour发现中国的玉器主要由两类不同的矿物组成,产自新疆的传统和田玉,主要成分为闪石类,称之为Nephrite;而来自缅甸的玉料,主要成分是属于辉石类的钠铝硅酸盐,称之为Jadeite。日本学者根据二者硬度的差异,分别将之翻译为"软玉"和"硬玉"。

矿物学中,硬玉被当成珠宝概念中翡翠的同义词。现如今,"翡翠"已经成了玉石学中的专有名词,因为瑰丽、珍贵而被冠以"玉石之冠"的名号。另外,相对于西方国家,东方国家的人们更喜欢翡翠,因此国际珠宝界又称翡翠为"东方之宝"。翡翠在我国珠宝市场的大量流行,不仅受到了消费者的普遍喜爱,也引起了珠宝界学者的广泛兴趣,各种研究成果的相继问世逐渐揭开了翡翠神秘的面纱,带领人们走进了一个千变万化的翡翠大世界。

第一节 翡翠的矿床及开采

目前,世界上只有缅甸、危地马拉、俄罗斯、美国、日本、哈萨克斯坦六个国家发现有翡翠的产出,其中缅甸特殊的地理位置形成了翡翠产出必须的高压低温的地质环境,其产出的翡翠占所有宝石级翡翠产量的95%以上。现主要以缅甸翡翠为例,分析翡翠的形成、矿床以及开采。

一、翡翠的定义

翡翠指主要由硬玉或由硬玉及其他钠质、钠钙质辉石(钠铬辉石,绿辉石)组成的、具工艺价值的矿物集合体,可含少量角闪石、长石、铬铁矿等矿物。摩氏硬度 $6.5 \sim 7$,密度 $3.34(+0.06,-0.09)\text{g/cm}^3$,折射率 $1.666 \sim 1.680(\pm 0.008)$,点测 $1.65 \sim 1.67$。

二、翡翠的形成

从地质学角度分析,翡翠是一种在高压低温地质条件下形成的矿物。本节以缅甸翡翠形成为例,说明翡翠的形成过程。

缅甸地处印度洋板块与欧亚板块边界,受两个板块之间的挤压,形成了青藏高原等独特的横断褶皱地理形貌特征以及蛇纹岩、橄榄岩、蓝闪石片岩、阳起石片岩等典型的超高压变质矿物,这些均为超高压变质环境的证据。

在两个板块挤压过程中(图2-1),首先,印度洋板块向大陆板块斜下方俯冲,使得洋壳残块与大陆边缘的含盐软泥相混杂,形成的混杂堆积物即为形成翡翠的物质基础;其次,印度洋板块强烈地俯冲作用造成的高压、低温物化条件使得混杂堆积物混熔并结晶;第三,以断裂作用为代表的强烈构造作用使之前形成的岩石破碎,形成构造角砾岩、糜棱岩、千糜岩,此时超基性岩中的 Cr、Fe、Mn 等致色元素被热液淋滤出来,便可进入构造裂缝并与硬玉岩混合;第四,含有致色元素的硬玉岩重新胶结、结晶形成各种颜色的翡翠。翡翠的形成必须同时满足以上的物质基础、温压条件以及构造作用,条件十分苛刻,因此全世界的翡翠资源非常少,尤其高质量的翡翠仅产出在缅甸。

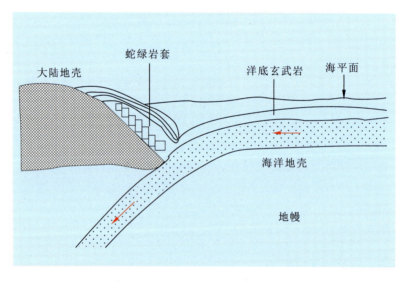

图 2-1 板块作用及翡翠形成示意图

三、翡翠矿床的基本概况

目前世界上只有6个国家发现有翡翠产出,分别是:缅甸、危地马拉、俄罗斯、美国、日本、哈萨克斯坦。其中,缅甸产出的翡翠占所有宝石级翡翠产量的95%以上;哈萨克斯坦、俄罗斯、美国等地所产的翡翠虽然有一定的开采价值,但总体品质较差。不同产地的翡翠矿床具有以下主要地质特征:

(一)成矿时代

翡翠成矿时代较宽,从早古生代至中、新生代均有产出,其中缅甸翡翠形成于1.47亿年前的侏罗纪时代。早期形成的翡翠矿床经过多期构造活动、退变质作用、重结晶作用,其晶体可能变粗、质地变差、裂隙增多、成分复杂化,但也可能结构变细、颜色均匀化,成为优质翡翠。

(二)地质构造

翡翠的主要矿物硬玉是一种典型的高压低温环境下形成的变质矿物,与其伴生的蓝闪石片岩也属于高压变质矿物,共生的硬玉岩与蓝闪石片岩是板块俯冲带的重要标志。由此可见,翡翠矿床位于板块的俯冲带上,例如缅甸的翡翠矿床便是处于印度洋板块和欧亚板块碰撞的东侧俯冲带上。

(三)产状

翡翠矿体一般长数米至几十米,宽数十厘米至数米,呈大小不等的岩墙状、岩脉状、透镜状、团块状等不规则形状,由内向外依次出现铬铁矿→硬玉→钠长石→滑石、绿泥石等→蛇纹石化围岩的分带现象(图2-2),翡翠样品内部也常可见到不同颜色和结晶程度的翡翠细脉。

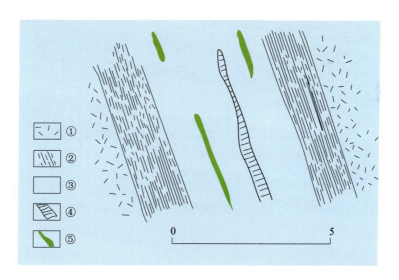

图2-2 典型翡翠产状——度冒翡翠矿床的剖面图
①蛇纹石化围岩;②滑石、绿泥石、片岩的剪切带;③钠长石;④硬玉;⑤铬铁矿

(四)围岩

绝大多数翡翠矿体的围岩为超镁铁岩(蛇纹石化橄榄岩、蛇纹岩或蛇绿混杂

岩),呈大小不等的板块体、透镜体或不完整的岩墙和岩脉等复杂形态出现。翡翠岩体一般规模较大,长达数千米至数百千米,宽度可达数百米至数千米。

四、缅甸翡翠矿床的基本特征

缅甸翡翠矿床按成因可分为两大类型:原生矿床和次生矿床。

原生矿床(图2-3)即为未经过外力地质作用的矿床,由于未遭受侵蚀破坏,质地比较坚硬,开采相对艰难;而地壳深处形成的翡翠矿床,经一系列地质活动出露于地表,受漫长的风化、地质搬运以及沉积作用即形成翡翠次生矿床(图2-4)。次生矿床按沉积类型,主要有残坡积沉积和河流沉积,前者产出的翡翠原石棱角清晰,后者产出的原石常被水蚀磨圆呈卵石状,二者外部均有风化皮壳包裹。次生矿床中的翡翠经过地质作用的分选可产出品质较高的品种。

图2-3 翡翠原生矿床

(一)缅甸翡翠原生矿床

1. 缅甸翡翠原生矿床地质概述

缅甸翡翠原生矿产于第三纪的蛇纹石化橄榄岩体内。典型的度冒岩体呈北东走向,脉状或透镜状,南北长约50km,宽约6.5km。岩体在水平方向上,沿其走向,富集翡翠的厚度和品质均降低,从中心向外,由较纯的硬玉岩变化为钠长石化的硬玉岩或沸石化的硬玉岩,再向外,部分矿脉有碱性角闪石带;在垂直方向上,从上向下,翡翠品质下降。总体来说,翡翠原生矿产出的翡翠品质不佳。

2. 缅甸翡翠原生矿床的分布

翡翠的产地又称为场口或坑口,几个环境相近的场口组成矿区或场区。缅甸

图 2-4 翡翠次生矿床

原生翡翠矿床位于雾露河上游,主要包括雷打场区和龙肯场区。其中,具有代表性的场口有度冒、马萨、凯苏、惠卡、隆肯、圣卡摩、缅摩、目乱岗、格底摩等。产出的高品质翡翠很少,主要产出中低档次翡翠,以"青石夹玉"的东摩原生翡翠矿床最具代表。

3. 典型原生矿床特点

度冒原生矿:较早发现的矿床之一。矿体呈脉状、透镜状、岩株状产出,东北—西南走向平行排列,长 270m。矿体自中心向外,依次为硬玉岩带→钠长石带→碱性角闪石带。由于岩层较硬,又覆盖大片森林,开采困难。

凯苏原生矿:位于隆肯场区西北方向的省界场地区,产"八三"种翡翠。矿体呈岩脉、岩墙状,北北东走向,最宽处约 3m,矿体外围为绢云母片岩、蛇纹岩等。所产"八三"种翡翠含较多钠长石,也含角闪石、黝帘石化的钠长石。

铁龙生新山玉原生矿:发现于 20 世纪 90 年代末,位于密支那以北铁龙生磨、竹乌磨等场口,岩体呈脉状。产出翡翠(图 2-5)多为满绿色、淡绿色,偏暗,透明度低,铬铁矿含量较高。也有种好色绿的高翠"铁龙生"硬玉品种,可达冰种,颜色艳丽,可与老种翡翠相媲美。

那莫原生矿:位于帕敢市南西 8 000m 处,海拔标高约 273m,距地表 10~25m。矿体呈透镜状,无明显分带,长 21.4m,宽 4.9m,厚 6.1m,总储量约 3 000t,是迄今为止发现的最大的翡翠原生矿体。

图 2-5 铁龙生种翡翠原石

4. 缅甸翡翠原生矿的开采情况

原生矿自 1877 年发现至今,已产出了各种颜色的翡翠,不仅依然很有活力,还陆续有新的矿坑发现(如 1986 年国家缅甸宝石公司发现的马萨翡翠矿),也发现了一些新的翡翠品种,如"八三花青种"、"铁龙生"等。

(二)缅甸翡翠次生矿床

雾露河上游有两条东西流向的支流发源于翡翠原生矿分布地区,这两条支流汇合于隆肯北边,并折向南流,河流冲积层发育,形成不同类型的翡翠次生矿床。按形成时间及外动力地质作用,缅甸翡翠次生矿床主要分为第四纪砾岩层翡翠矿床、现代河流冲积层翡翠矿床、残坡积层翡翠矿床三种。

第四纪砾岩层翡翠矿床:翡翠矿体主要赋存于雾露河流域第四纪巨厚砾岩层组成的高层阶地中,呈长条状分布在帕敢—道茂矿区的中南部,砾岩层厚薄不等,最厚可达 300m。人们把产于河床冲积层(包括古河床)中的翡翠称为"老厂玉"(老坑玉),主要分布在雾露河沿岸的山坡、山麓和阶地上。著名的帕敢场、后江场、木坎场均为老坑采场,包括惠卡、大谷地、木那、四通卡、香拱、南奇、抹岗等场口。帕敢场区是最早开采的次生矿床,且矿体厚度最大,产出的翡翠品质优良,其中老帕敢矿山是该场区最具代表性的砾岩阶地翡翠矿床。从帕敢场区向南约 20km,为惠卡场口。矿体自上而下砾石逐渐增大,翡翠含量也逐渐增大,中上部没有翡翠产出。翡翠砾石大小悬殊,磨圆度较好,外皮较薄,呈黄、灰、黑、淡绿等各种颜色,颜色和种质均不错。后江场区位于龙肯场区的西北部,坎底江支流上,翡翠矿脉赋存在第三纪蛇纹岩砾石层的几个薄层中。与其他场区相比,产出的翡翠品质最好,高档翡翠料产出比例大,但通常其砾石个体小,均在1kg以下。

现代河流冲积型翡翠矿床:最具价值的翡翠矿床。主要分布在雾露河下游约30km长的河床中,位于散卡村到蒙麻地区,尤其以帕敢和蒙麻一带产的翡翠品质最优。该矿床是由雾露河及其支流流经第四纪含翡翠砾岩层时搬运、沉积形成的矿床,产出的翡翠具有相对密度大、硬度高、质地均匀、结构紧密、裂隙少等特点,即为高档首饰级翡翠。老场区开采的主要为这种类型的矿床。

残坡积翡翠矿床:是由洪水或重力搬运的翡翠,在山坡上堆积形成的矿床,分选性一般,类似原生矿床。

五、危地马拉翡翠矿床

危地马拉的翡翠矿床分布在普拉格瑞斯(El Progreso)地区的 Manzanal 小镇附近,产于 Motogua 河深大断裂的中生代蛇纹岩之中。断裂带主要为超基性岩体构成,蓝闪石—硬柱石、绿辉石—石榴石、榴辉岩和角闪石岩、硬柱石—白云母片麻岩、阳起石片岩等变质岩分布广泛。开采的矿床主要集中在 Jay Ridinger 发现的几个矿山。

危地马拉产出的翡翠,多为黑色,另有绿色、紫色和彩虹色等。黑色品种属于绿辉石质硬玉——硬玉质绿辉石系列,常带有墨绿色,可有极黑的品种,也可含有金、银、铂、镉等金属;绿色品种,细粒到中粒,半透明到微透明,最为稀有;紫色少见,常为淡紫色,半透明,成分上相对复杂,其中硬玉占5%~85%,钠长石占5%~95%,白云母含量低于10%。

六、哈萨克斯坦翡翠矿床

哈萨克斯坦翡翠矿床位于巴尔喀什市以东110km的伊特穆隆达,产于伊特穆隆达—秋尔库拉姆早古生代蛇绿岩套构造带的蛇纹岩之中。该岩体主要包括纤蛇纹石和叶蛇纹石,西—北西向走向,长30km,宽数百米至1.5km。岩体与围岩的接触带存在破碎带和片理化带,其中分布有翡翠以及片状叶蛇纹石、蓝闪石片岩和铝铁闪石片岩的围岩捕虏体等。

矿体主要呈一至几十米不等的透镜状、岩株状以及柱状。矿脉主要由灰色翡翠组成,边缘处可见绿色品种被钠长石、方沸石、钠沸石、透闪石等交代的现象;部分矿脉由中心向外,依次为硬玉带→绿辉石带→斜方辉石带,以硬玉为主。

该矿床产出的翡翠主要有深度不同的白—灰色系列、颜色偏暗的绿色系列,以及灰色与绿色共生的紫色系列;粒度中到粗,半透明到微透明,整体上品质较低。

七、俄罗斯翡翠矿床

(一)乌拉尔的列沃—克奇佩利矿床

该矿床位于乌拉尔褶皱带的早古生代巨大超基性岩体中。岩体长约180km,宽数千米至数十千米,发育有辉石岩、辉长岩、斜长岩、钠长岩等脉岩。翡翠矿体呈带状分布,从中心至两侧依次为硬玉岩→硬玉—钠长石岩→钠长石岩→含透辉石残余的阳起石岩。产出的翡翠主要以硬玉和绿辉石为主,颜色分布不均匀,呈绿色色斑。透明度受后期蚀变作用产生的粘土矿物影响。

(二)西萨彦岭的卡什卡拉克矿床

卡什卡拉克矿床位于西萨彦岭寒武纪早期巨大蛇绿岩套的博鲁斯超基性岩体的西南部,矿脉长度150~200km,厚2~3km,多为白色或浅灰色并夹杂着团块状或细脉状的绿色翡翠及绿辉石。矿体中心向外为纯硬玉带→钠长石→硬玉带→混杂带。其中纯硬玉带为白色、灰色和绿色,含有脉状、透镜状和团块状宝石级绿色翡翠;混杂带主要有斜长石、角闪石、云母、硬玉和透辉石等。

该地区产出的翡翠,含硬玉70%~90%,绿辉石7%~12%,另外含有少量钠长石、方沸石、钠沸石、钙铝榴石和刚玉等矿物。翡翠品质不如缅甸翡翠,颜色偏浅,粒度较粗,透明度较差。

八、美国加州翡翠矿床

美国加州翡翠矿床位于圣贝尼托县的克列尔克里镇的圣安德烈斯断裂附近,沿弗兰西斯科组(晚侏罗世—白垩纪)超基性岩和沉积喷发岩岩带展布。翡翠矿脉分布在长约19km,宽约6.4km的椭圆形蛇纹石矿体中。矿体包裹着大量的几十米到几百米的火山岩及火山沉积岩捕虏体,部分捕掳体在强烈的蚀变作用下变成由粒状钙铝榴石、透辉石、透闪石和符山石组成的岩石,其结构致密;另有一些捕掳体则受到了强烈的硬玉化,形成翡翠矿体。翡翠矿体呈透镜状,较集中分布。矿体中心部位或整个矿脉由角砾状极细粒绿色翡翠组成,浅绿色、暗绿色薄层(宽几毫米至2.5厘米)交替出现,呈波状,并穿插着白色翡翠细脉,粒度较粗。

该矿区产出的绿色翡翠品种主要为绿辉石质的硬玉,各种成分的含量约为:硬玉75%,霓石15%,透辉石7%,钙铁辉石3%;此外,还有少量的钠沸石和硬硅钙石,缺少钠长石。产出的白色翡翠成分较纯,硬玉含量高达97%。

总体上,加州产出的翡翠品质不高,颜色欠佳,宝石级翡翠较少。

九、日本翡翠矿床

1983年,在日本新潟县片木村发现翡翠,后来鱼师、青海町等地也相继有翡翠发现。

日本列岛位处太平洋板块与欧亚板块结合部位,大洋板块沿日本海沟俯冲到大陆板块下,导致日本列岛上发育北东向分布的高压变质带,主要组成成分为硬柱石—蓝闪石片岩。日本翡翠的露头就分布在这条高压变质带上。

日本产出的翡翠成分多样复杂,品质差别较大,因产量与品质原因,尚不具有商业意义。品质优的翡翠,为鲜艳的绿色调,但颗粒较粗,透明度差。

十、翡翠的开采

市场上主要的翡翠都来自缅甸,其翡翠多伴随脉石分布在翡翠砂矿中。开采过程中,主要应用的机械为挖掘机,遇到矿体坚硬的部分须先进行爆破,然后再进行挖掘。传统的开采方法均为人工挖掘,遇到难以挖掘的利用柴火烧加冷水淬火的方式使翡翠碎裂开采。有向地面下纵深方向挖掘的方法,被称为"挖洞子"法;也有横向挖掘的方法,称为"开塘",多在新场区使用;引水冲淘地面土层得到翡翠的方法,称为"冲苗法",在那莫场区有人使用。另外,分布在江河水塘底部的翡翠需要经过打捞才能获得,沿伊洛瓦底江的场区场口至今仍在使用。

利用挖掘机开采(图2-6)时,将矿石从高处倒下,由3~4位有经验的工人将翡翠从中挑出。挑选剩下的矿石可进行第二次挑选,然后运出丢弃。挑选出来的翡翠由经验丰富的师傅利用灯光观察和筛选。筛选出来的翡翠便可解料,据了解,锯开的翡翠70%没有经济价值,精品就更是凤毛麟角。

图2-6 挖掘机开采现场

矿区到城市的山路非常崎岖,雨季期间根本无法通行,仅有10月至次年5月才能进行开采。开采公司还要支付炸药、油料、人工费等日常开销,使得翡翠的开采成本很高。尤其最重要的是,作为一种不可再生的资源,目前能够达到宝石级并且有较大产量的翡翠矿床基本都在缅甸的帕敢等地区,这些因素使得翡翠制品特别是精品翡翠制品价格越来越高。

第二节 翡翠的宝石矿物学特征

翡翠主要为变质作用下形成的特殊岩石,在形成的过程中发生硬玉晶体的结晶生长、挤压变形、溶蚀交代等过程。这个过程极其复杂且漫长,形成过程不仅使翡翠的矿物成分复杂多变,也微观作用在组成翡翠的硬玉等矿物晶体颗粒的大小、形态、晶粒之间的空间和时间关系等结构特征上,以及不同的矿物集合体之间的空间构造特征,如条带状、斑杂状色带等,特别是使翡翠形成了无色、白色、红色、紫色、黑色等丰富多彩的颜色系列。

本节主要通过翡翠的矿物成分、分类与命名、结构与构造以及翡翠的颜色四大方面详细阐述其宝石矿物学特征。

一、翡翠的矿物成分

在传统的宝石学定义中,翡翠为具有工艺价值的以硬玉为主要矿物成分的多晶集合体。然而,随着翡翠市场不断地扩大以及对翡翠研究的逐步深入,现今翡翠是指主要由硬玉或由硬玉及其他钠质、钠钙质辉石(钠铬辉石,绿辉石)组成的、具工艺价值的矿物集合体,可含少量角闪石、长石、铬铁矿等矿物。

目前,在翡翠中已发现40余种矿物:主要矿物为辉石族矿物(硬玉、钠铬辉石、绿辉石),次要矿物有闪石族矿物、长石族矿物,常见副矿物有铬铁矿、绿泥石、高岭石、绿帘石、蛇纹石、沸石、锆石、石榴石、磷灰石及其他非晶质物质等。

(一)辉石族矿物

辉石族矿物为翡翠中的主要矿物(含量大于50%),其化学组成通式为$XY[Si_2O_6]$,其中$X(M_2$位)可以是Ca^{2+}、Na^+、Mg^{2+}、Fe^{2+}等,$Y(M_1$位)可以是Al^{3+}、Mg^{2+}、Fe^{3+}、Cr^{3+}、Mn^{2+}、Ti^{4+}、Fe^{2+}等,由于M_2和M_1位置上不同元素的相互替代,可形成一系列复杂的类质同象。

根据M_2位置上主要阳离子种类,可分为斜方辉石和单斜辉石两个亚族。斜方辉石的M_2位置主要为Mg^{2+}、Fe^{2+}等小半径阳离子;单斜辉石以含阳离子Ca、

Na 和 Mg 为主。翡翠中常见的辉石族矿物以单斜辉石为主,例如,翡翠中常见的硬玉就是 M_2 位置主要为 Na^+ 的钠铝辉石($NaAl[Si_2O_6]$),钠铬辉石($NaCr[Si_2O_6]$)是 M_2 位置主要为 Na^+ 但是 M_1 位置为 Cr^{3+},绿辉石则是在 M_2 位置为 Ca^{2+} 或者 Na^+。

1. 硬玉

(1)化学成分:$NaAl[Si_2O_6]$,常有微量的 Cr、Fe、Mn、Ca、Mg 和 Ti 等杂质成分。

(2)颜色:微量成分导致硬玉形成不同的颜色。纯净的硬玉为无色或白色,当少量 Cr^{3+} 或 Fe^{3+} 离子以类质同象替代 Al^{3+} 时,可呈现绿色,含 Mn^{2+} 时可出现紫罗兰色。

(3)晶系:单斜晶系。

(4)晶体结构:硅氧四面体$[SiO_4]^{4-}$通过共用一个顶角相连组成单链,并平行 C 轴延伸,硅氧链与链之间由小阳离子 M_1 和较大阳离子 M_2 构成的八面体和多面体组成的链联结。

(5)解理:平行 C 轴的两组完全解理,两组解理面的夹角为 87°。

(6)形态:通常呈短柱状、柱状、纤维状和不规则粒状的形态。

(7)折射率:$Ng=1.652\sim1.673, Nm=1.645\sim1.663, Np=1.640\sim1.658$,双折率 $0.012\sim0.015$。集合体的折射率约 1.66。

(8)光性:二轴晶正光性(B+)。

(9)相对密度:3.24~3.43。

(10)摩氏硬度:6.5~7,晶体的不同方向上硬度不同,平行 C 轴方向的硬度小于垂直 C 轴方向的硬度。

2. 钠铬辉石

(1)化学成分:$NaCr[Si_2O_6]$,常有 Fe、Ca 和 Mg 等杂质成分。

(2)颜色:由于 Cr 的含量很高,使得钠铬辉石的颜色很深,通常呈墨绿色,并且不透明。

(3)晶系:单斜晶系。

(4)解理:两组平行柱面的解理。

(5)折射率:平均折射率为 1.74。

(6)摩氏硬度:5.5。

(7)相对密度:3.50。

(8)存在形式:一是在翡翠中呈黑色小粒状内含物存在,Cr^{3+} 的含量可达百分之十几;二是同硬玉共生,组成钠铬辉石硬玉岩,整体呈黑绿色,不透明;三是主要由钠铬辉石组成的钠铬辉石岩,也称之为干青种翡翠。

3. 绿辉石

(1)化学成分:$(Ca,Na)(Mg,Fe^{2+},Fe^{3+},Al)[Si_2O_6]$,介于Ca-Mg-Fe辉石(透辉石、钙铁辉石和普通辉石)与硬玉之间的固溶体过渡矿物种。

(2)颜色:一般呈翠绿色,有时颜色偏蓝,其颜色深浅随组分中的Fe和Cr的含量而变化。若铁含量高,反射光下呈黑灰色至灰黑色,透射光下呈墨绿色;若铬含量高,呈翠绿色;若铬含量低或不含铬,则呈偏灰或偏蓝的绿色。

(3)折射率:集合体折射率为1.66～1.67。

(4)摩氏硬度:5～6。

(5)相对密度:3.29～3.37。

(6)光性:二轴晶正光性(B+)。

(7)存在形式:一是与硬玉矿物共生,如部分花青种、飘兰花种翡翠;二是绿辉石作为主要矿物组成绿辉石玉,油青种翡翠或墨绿色的"墨翠"(绿辉石含量大于80%)。

(二)闪石族矿物

闪石族矿物在缅甸翡翠中通常以次要矿物的形式出现,多数为碱性角闪石,常见的种类有阳起石、透闪石、普通角闪石、镁钠闪石等,晶体形态一般为纤维状、细粒状和柱状,显微镜下可见闪石式解理。

由于此族矿物是富含Ca^{2+}、Fe^{2+}、Mg^{2+}的热液在后期交代辉石或经退变质作用形成的,因此,翡翠中闪石族矿物通常呈深色的脉状、块状、浸染状分布于翡翠原岩中,经常见到角闪石族矿物沿着硬玉矿物的边缘、解理或裂理交代辉石族矿物的现象,而闪石族矿物则易蚀变成绿泥石。

闪石族矿物既可以使翡翠呈现出美丽的颜色从而提高翡翠的价值,也可以以"癣"的形式出现来影响翡翠的品质。

(三)其他矿物

1. 钠长石

缅甸所产的翡翠,均含有一定量的长石族矿物,主要是低温钠长石,镜下呈粒状或短柱状,发育两组解理,含量变化很大,在某些品种的翡翠中长石含量可高达30%左右。

长石也可以作为主要矿物出现,形成长石质玉,俗称"水沫子",已不属于翡翠,但通常用来作为翡翠的仿制品。

2. 铬铁矿

铬铁矿($FeCr_2O_4$)属于金属矿物,常存在于含铬量较大的翡翠中,如深绿色翡翠和含钠铬辉石翡翠,呈黑色斑点状。通常钠铬辉石呈微晶状、细针状集合体,以交代铬铁矿的方式环绕在铬铁矿的外围,或沿内部形成交代网脉状结构。

铬铁矿的生成早于钠铬辉石,为原生矿物,目前研究可能是翡翠中铬的主要来源。

(四)次生矿物

次生矿物往往赋存于翡翠岩石表层的孔隙或裂隙中,是由于翡翠原石在表生作用下,某些组分发生变化而形成。常见的次生矿物有褐铁矿、赤铁矿、高岭石等。

1. 褐铁矿

褐铁矿($Fe_2O_3 \cdot nH_2O$)为棕黄色或黄褐色,呈细小粉末充填在硬玉岩风化壳的粒间孔隙或裂隙中,可以使翡翠呈现黄色或黄褐色。

2. 赤铁矿

赤铁矿(Fe_2O_3)呈棕红色或褐红色粉末状,主要见于翡翠风化壳下层的矿物颗粒间孔隙或裂隙中,由褐铁矿经脱水作用可形成赤铁矿,是红色翡翠的致色物质,俗称"翡"。

二、翡翠的分类与命名

借用岩石分类和命名的原则,我们可以根据组成矿物的种类和含量差异对翡翠进行分类和命名,以便直观地反映矿物集合体的组成和总体成分特征。

简单来说,当次要矿物的含量小于20%时,可以不参加命名;当次要矿物的含量在20%~50%之间时,必须参加命名,并将次要矿物当作形容词放在前面,如含绿辉石硬玉,表示硬玉含量大于50%,绿辉石含量小于49%。

那么,根据这项分类命名原则,可以将翡翠分为如下几类。

(一)翡翠

翡翠是以硬玉、含铬硬玉或者绿辉石质硬玉为主要矿物,以达到宝石级的集合体,是一种最主要的翡翠类型。

在这一类型中,可以以硬玉为主要矿物,并含有角闪石、铬铁矿、钠长石等次要矿物;也可以以铬硬玉为主要矿物,含有角闪石、铬铁矿等次要矿物,这种集合体通常为翠绿色,具有微透明或不透明外观,俗称为"铁龙生";除此之外,还可以以绿辉石质硬玉为主要矿物,集合体呈粗粒状,深绿色到墨绿色,但这种类型在缅甸翡翠中少见,通常出现在危地马拉出产的翡翠中。

(二)含绿辉石翡翠

含绿辉石翡翠是指以硬玉、绿辉石为主要矿物,角闪石、钠长石为次要矿物的集合体,并且绿辉石的存在会对翡翠的外观和品质产生重要的影响。比如绿辉石呈细脉状、丝线状、草丛状等形状分布在白色的翡翠中,就是市场上所说的"飘兰花种翡翠"。

(三)含钠长石翡翠

含钠长石翡翠是以硬玉、钠长石为主要矿物,角闪石、绿辉石等为次要矿物的集合体。该类翡翠呈粗粒结构,透明度较好,颜色以白色和浅紫色为主,并含有少量的绿色翡翠和黑色角闪石脉,钠长石呈不规则的团块状分布在翡翠的边缘部位,成分较为纯净,呈等粒状的细脉晶体,透明度较好,并且放大观察还可见钠长石交代硬玉的现象。但在缅甸出产的翡翠中几乎未见此种类型。

(四)含角闪石翡翠

含角闪石翡翠是以硬玉、角闪石为主要矿物,绿辉石为次要矿物的集合体。角闪石是缅甸产出的翡翠中较为常见的次要矿物,含量变化较大。由于角闪石的晶粒较为粗大,颜色较深,通常会对翡翠的外观带来不利的影响。

(五)绿辉石玉

绿辉石玉是以绿辉石为主要矿物,硬玉、绿辉石质硬玉为次要矿物的矿物集合体。该种类型的玉颜色较深,从中等深度的墨绿色到深墨绿色均可出现,一般质地细腻,但透明度较低。通过岩矿薄片观察,集合体中的绿辉石呈微细粒长柱状晶体,有时出现放射状的结构,成分较纯净,偶尔可见少量的硬玉。这种类型的翡翠,市场上俗称"墨翠"。

(六)钠铬辉石玉

钠铬辉石玉是指以铬硬玉、含铬绿辉石、钠铬辉石为主要矿物,硬玉、铬铁矿为次要矿物的集合体。颜色呈暗绿色、深绿色,透明度差,市场上一般称为"干青种翡翠"。

(七)钠铬钠长石玉

钠铬钠长石玉的主要矿物为钠长石(含量大于50%),同时含有较多的钠铬辉石和含铬碱性角闪石微晶。

三、翡翠的结构与构造类型

首先我们分清结构和构造这两个不同的概念。结构是微观的,侧重于组成矿物单体的形态、大小、晶体的自形程度等,一般用偏光显微镜或宝石显微镜进行观察;而构造是宏观的,侧重于集合体整体的形态、空间分布规律,直接用肉眼观察即可。

翡翠的结构是指组成翡翠的矿物晶体颗粒的大小、形态及其结合方式。翡翠的构造是指组成翡翠的矿物集合体之间的空间分布和排列状态，即这些矿物是均向分布还是定向排列。

(一)翡翠的结构类型及对其品质的影响

翡翠是一种以硬玉为主要矿物的多晶质集合体，经历了晶体的结晶生长、挤压变形、多世代生长等过程，从而形成了较为复杂的结构特征，主要有变晶结构、交代结构、塑性形变结构、碎裂结构。

1. 翡翠的结构类型

1)变晶结构

变晶结构是变质岩中最主要的一种结构，是由岩石在变质作用中重结晶作用形成的结晶质结构。变晶结构根据变晶的颗粒大小(绝对大小和相对大小)、颗粒形态及颗粒之间的相互关系可作进一步的划分。

(1)根据变晶颗粒的绝对大小分为：

显微(隐晶)变晶结构：粒径<0.1mm，颗粒极小，在10倍放大镜下难见颗粒。

细粒变晶结构：粒径0.1~1mm，肉眼隐约可见颗粒，在10倍放大镜下可见颗粒。

中粒变晶结构：粒径1.0~2.0mm，肉眼可见颗粒。

粗粒变晶结构：粒径>2.0mm，肉眼明显可见颗粒，具粗糙感。

(2)根据变晶颗粒的相对大小分为：

等粒变晶结构：大部分组成矿物粒径大致相近。

不等粒变晶结构：若在组成矿物颗粒中存在两种粒度明显不同的晶粒，则称为不等粒变晶结构，即矿物粒径变化较为明显，根据颗粒粒径变化的连续程度又可分为连续不等粒变晶结构和斑状变晶结构，前者变晶粒度大小呈连续递变，后者斑晶与基质之间存在粒级间断。

(3)根据变晶颗粒的形态分为：

粒状变晶结构：组成翡翠的晶粒为短柱状或近等轴粒状。

柱状变晶结构：组成翡翠的晶粒呈柱状体，排列有一定的方向性，晶粒之间的接触边界较为平直，这种结构是受到应力变质作用的改造而形成的，是翡翠中最常见的结构类型。

纤维变晶结构：纤维状的硬玉晶体呈放射状排列或无定向地交织排列，各变晶颗粒较为细小，结合紧密，透明度好，这种变晶结构是由于环境条件不稳定，晶体快速结晶形成的，常见穿插于白色翡翠中的绿色细脉和优质翡翠中。

(4)根据颗粒间的结合方式分为：

齿状镶嵌结构：组成翡翠的变晶颗粒形状多为不规则状，但粒度较大，中至粗粒，晶粒之间的接触边界呈齿状交错，这种结构由重结晶作用导致，各变晶颗粒镶嵌紧密，透明度较好。

弯曲镶嵌结构：颗粒边界模糊，呈港湾状接触。

平直镶嵌结构：颗粒边界清楚，呈直线状接触。

2）交代结构

交代结构是在变质作用或混合岩化作用过程中，由交代作用形成的结构。发生交代变质作用时，有物质成分的加入和析出，原岩中的矿物被分解但保持原有矿物的晶形，同时又置换形成新生的矿物。

(1)交代净边结构：原生硬玉矿物发生交代重结晶作用，从而形成硬玉矿物边缘相。

(2)交代残余结构：当交代作用较强时，仅保留少量原生矿物残留物，如干青种翡翠内的钠铬辉石中心可见铬铁矿的交代残余。

(3)透入交代结构：沿矿物颗粒内部的晶体解理、颗粒间隙以及集合体中显微裂隙发生交代作用。

(4)交代假象结构：一种矿物颗粒被另一种矿物所完全交代而保留原矿物晶体形态，即形成交代假象结构，如翡翠交代而保留等轴粒状的铬铁矿晶体形态。

3）塑性形变结构

塑性形变是在应力作用下，翡翠内部结构发生变化，仅有形变但无碎裂产生，各硬玉颗粒间结合力也没有被破坏。塑性形变是应力长期持续作用的结果，它包括滑移结构和亚颗粒结构。

(1)滑移结构：是塑性形变结构的一种，是矿物的晶格沿滑移面的错动。位移是离子间距的整数倍，错动位移后晶格的排列顺序不变，整体上看仅是大小及外形发生了变化，镜下主要表现为波纹及变形带。

(2)亚颗粒结构：是动态恢复过程中应力作用下形成的，亚颗粒是一个颗粒被分割成许多不同消光区域，在正交偏光镜下表现为块状、不均匀消光的现象，形状有不规则多边形、聚形、透镜状等。

4）碎裂结构

当应力作用超过翡翠弹性限度时，翡翠的岩石结构会破裂、破碎，由此产生了碎裂结构。碎裂结构可分为显微破裂结构、破裂结构、碎斑结构、糜棱结构。

(1)显微破裂结构：以出现显微破裂纹，即比较小的破裂为特征。显微破裂纹是指比较小的破裂纹，依据力学性质又可分为张性破裂纹、扭性破裂纹。

(2)破裂结构：是指在应力作用下发生破裂，形成许多棱角状或次棱角状碎块，碎块间有细粒、粉末充填。

(3)碎斑结构:是翡翠在强的应力作用下产生的,形成碎斑和碎基两部分,碎斑是碎裂后被圆化的斑晶,有明显的相对位移和边缘粒化现象。在翡翠破碎的细粒硬玉中,只残留部分较大的硬玉碎斑,细小的碎粒化基质围绕碎斑连续分布。

(4)糜棱结构:是在较强的应力作用下,翡翠处于塑性流动状态下发生塑性变形形成的,其中大部分硬玉颗粒被挤压成隐晶质颗粒或粒度变细并趋于均匀,或被拉长呈定向排列。

2. 翡翠的结构对品质的影响

翡翠有如此多种类的结构,这些结构对其透明度、韧性等都有很大的影响,进而影响翡翠的品质。

1)翡翠的结构对透明度的影响

(1)矿物颗粒粒度大小对其透明度的影响。若只考虑粒度大小而论,硬玉矿物粒度越细,表现在翡翠的透明度(水)就会越好;粒度越粗,透明度就越低。一般来说,均匀粒度在 0.1~0.5mm 时,具有显微变晶结构、细粒变晶结构的翡翠质地细腻,大多数为透明至半透明,水头充足;当粒度大于 0.5mm 时,具有中粗粒变晶结构的翡翠水头较差,微透明或不透明。

(2)矿物颗粒的形状对其透明度的影响。硬玉在翡翠中主要以粒状和柱状存在。当粒状和柱状颗粒在翡翠内并存时,硬玉间光率体方位很难取向一致,会产生相互抵消的光学效应,影响透明度,导致水头欠佳,透明度较差。而当翡翠中硬玉以粒状结构存在,并且粒度越细越接近于平行变晶结构,翡翠的透明度也就越好,水头也就越足。

(3)矿物颗粒间的结合方式对其透明度的影响。总体来说,当组成翡翠的矿物颗粒之间结合越紧密,即结构致密、解理和微裂隙越少,翡翠的透明度就越高。

在变晶结构中,具有齿状镶嵌变晶结构、弯曲镶嵌变晶结构的翡翠透明度较好,而平直镶嵌变晶结构的翡翠透明度则相对较低。因为前两者结构排列致密,基本没有粒间空隙,而且矿物晶体在后期应力作用下趋于定向排列,光学性质趋于一致,减少了光线的能量损失,从而形成良好的透明度;后者结构疏松,硬玉矿物之间不是紧密接触,存在粒间空隙,光线通过接触界面时将会发生复杂的折射和漫反射,从而使透明度变差。

在碎裂结构中,翡翠的结构疏松易裂,因此该结构无论发育程度如何,都会影响翡翠的机械强度和透明度。但糜棱化产生的结构,由于使翡翠颗粒进一步变细和定向,可使翡翠的透明度提高,加之糜棱化过程中 Cr^{3+} 离子会被激活,进入翡翠的晶格并均匀分布在晶格间,使翡翠产生均匀温润的绿色。

2)翡翠的结构对韧性的影响

翡翠常具有柱状变晶结构和显微变晶结构,这决定了翡翠具有较高韧性,不易破碎,从而其区别于其他玉石。

结晶颗粒粗大、接触关系平直、结构疏松的翡翠,如具碎裂变晶结构的翡翠,由于矿物颗粒之间咬合力不强导致韧性强度降低;而结晶颗粒细腻、接触边界呈弯曲状或齿状的翡翠,如具有显微变晶结构、糜棱变晶结构的翡翠,各矿物颗粒具有较强的咬合力,导致此类翡翠抗压强度高、韧性较强。

(二)翡翠的构造类型及对其品质的影响

1. 翡翠的构造类型

翡翠常见的构造类型有:块状构造、脉状构造、角砾状构造、条带状构造、褶皱构造和弱片理化构造等。

1)块状构造

块状构造是指其组成矿物排列无一定次序和方向性,呈均匀的块体。这种构造表示形成过程较简单,无多期次的成岩(成矿)作用。而翡翠的形成往往都要经历较为复杂的地质过程,所以块状构造在翡翠中并不是普遍或整体现象,仅在局部可见。

2)脉状构造

脉状构造是翡翠原石中一种常见的构造类型,多见绿色的翡翠以脉状的形式出现在白色或浅色的基质中,即后期形成的翡翠呈脉状充填于早期形成的翡翠中,充填脉中的晶体以纤维状或柱状平行或近似平行排列,垂直、斜交或平行脉壁分布。除此之外,白色、黑色(角闪石组成)的脉体也可见于翡翠中,这两种脉体形成时间通常晚于绿色的脉体。在有些翡翠中可对绿色的脉体产生一定的破坏作用。

3)角砾状构造

此种构造是早期形成的翡翠被地质应力压碎后又被新形成的翡翠所充填而形成的一种构造类型。翡翠中可见到绿色、紫色部分呈形状不一的团块状被白色的部分所包围。角砾状构造可作为翡翠形成多阶段性特征的证据,也有助于更好地认识翡翠的形成规律。

4)弱片理化构造

弱片理化构造表现为组成翡翠的矿物颗粒呈压扁状平行层理方向排列,但是下面新鲜部分没有层状分离现象。这种构造可见于缅甸翡翠中,但比较少见,说明部分翡翠经过了较大地质应力的挤压作用。

5)似晶簇构造

似晶簇构造由柱状或纤维状硬玉排列成扇形或球形集合体,各个集合体之间无定向排列。这种构造反映了翡翠的形成条件较为稳定,受到后期改造作用较少,保存了较好的原生构造。

6) 条带状构造和褶皱构造

条带状构造是指不同颜色或不同粒度的矿物集合体呈带状分布,各个条带之间大致呈平行排列。在翡翠中可见绿色、白色和黑色相间的条带状构造,绿色和白色条带的矿物成分主要是硬玉,黑色条带的矿物成分主要以角闪石或铬铁矿和钠铬辉石的组合为主。

当条带状构造的翡翠经过进一步挤压变形时就形成了褶皱构造。

2. 翡翠的构造对其品质的影响

翡翠的构造,可分为翡翠矿物分布无方向性构造和矿物分布有一定方向性构造两类。

块状构造、似晶簇状构造、角砾状构造等这类矿物颗粒分布无明显方向性的构造对翡翠品质产生的影响不具有一定的规律性。

而一定方向性的构造,如脉状构造或条带状构造,则对其品质有较大的影响。翡翠的矿物集合体呈带状分布,各带间大致平行排列,这表明翡翠矿物的结构、颜色不相同,可能会产生不同品质的翡翠。当翡翠矿物颗粒平行于热液流动方向呈定向、平行排列时,会形成所谓的"莽带",这种翡翠的品质通常会较好;而如果前期生成了裂隙被后期矿物又充填后,则形成了"绺",降低了翡翠的品质。

四、翡翠的颜色

(一)颜色三要素

颜色是指由不同波长或光谱组成的光所引起的一种主观感觉。物体的颜色可以由色相、明度(亮度)和饱和度3个要素来表示。

1. 色相

色相是色彩的首要特征,是区别各种不同色彩的最准确的标准。任何黑、白、灰以外的颜色都有色相的属性,可以用单色光的波长来表示。

2. 明度(亮度)

明度是指颜色的明暗差别,例如黑色最深、白色最浅、灰色则处在最深与最浅之间。不同的颜色,其明度也不相同。可以说,明度是表示颜色在"量"方面的特性,即表示一个物体反射光线多少的知觉属性。

3. 饱和度

饱和度是指色彩的鲜艳程度,也称色彩的纯度。纯度越高,表现越鲜明,纯度较低,表现则较黯淡。饱和度取决于某种颜色中含色成分与消色成分的比例。含色成分与饱和度成正比,消色成分与饱和度成反比。

除此之外,物体的表面结构和照明光线也对饱和度产生一定的影响。光面的饱和度相对大于糙面,直射照明大于散射照明。明度的改变也会对饱和度产生影响。明度适中时饱和度最大,当明度过大或过小时,颜色越接近白色或黑色,饱和度便会降低。

(二)翡翠颜色的描述方法

翡翠的颜色是其对可见光区域内(400～700nm)不同波长光波选择性吸收后透射或反射出光的混合色。翡翠的颜色描述有定量描述和定性描述两种方式。

定量描述需要利用颜色三要素,现在常用的一种方法是孟塞尔表色系统,它将色调分为10种,分别用英文名称的字头表示:红(R)、黄(Y)、绿(G)、蓝(B)、黄红(YR)、绿黄(GY)、蓝绿(BG)、紫蓝(PB)、红紫(RP)。明度从暗到明亮分为0～10共11个等级;彩度也因各纯色而长短不同。

定量描述是一种较为准确的颜色描述方法,但是较为复杂。对于翡翠颜色的描述一般采用定性的方法。在定性描述中,我们采用标准色谱法、二名法和类比法3种方法来描述翡翠的颜色。

1. 标准色谱法

标准色谱法是指利用标准色谱(红、橙、黄、绿、青、蓝、紫)以及白、灰、黑来描述翡翠的颜色。有时为了说明颜色的明度,可在颜色前加适当的形容词,如暗绿色、暗灰色等。

2. 二名法

翡翠的颜色较复杂时,可用两种标准色谱中的颜色来描述。在书写顺序上,主要颜色写在后面,次要颜色写在前面,例如蓝绿色表示以绿色为主,带蓝色调。

3. 类比法

类比法是指用人们熟悉的物品、动植物颜色来比喻,形象地描述颜色。行业内常用的有"祖母绿"、"瓜皮绿"、"葱心绿"、"苹果绿"、"豆绿"等。

(三)翡翠的颜色成因分类

翡翠的颜色由其主要组成矿物、硬玉中微量元素的种类和含量以及次生矿物等因素共同作用。所以,翡翠的颜色与其形成的整个地质过程有着密切的关系,而根据形成过程不同可将其颜色成因分为原生色和次生色两大类。

1. 原生色

原生色又称为翡翠"肉"的颜色,指的是翡翠在地表以下,经过各种地质作用形成的颜色。这种颜色与翡翠的化学元素、矿物成分有密切关系,即在翡翠晶体的结晶作用过程中形成。它是比较固定的颜色,如白色系列、紫色系列、各种色调的绿色系列、黑色系列翡翠的颜色均属于原生色。

2. 次生色

次生色又称为翡翠"皮"的颜色，是在外生地质作用条件下形成的颜色。在翡翠出露地表之后，它所处的环境与原来形成时的环境有很大变化，处于地表常温、常压、氧化、多水、昼夜温差条件下，许多矿物化学性质不稳定产生了物理和化学风化作用，使组成矿物分解或半分解，并在矿物颗粒之间充填了各种物质而形成的颜色称为次生色。

次生色主要的色彩有土黄色、红褐色、褐红色、灰绿色、灰黑色等。一般情况下，具有红色色调次生色的翡翠结构疏松、透明度较差、色彩不够鲜艳，属于中低档翡翠；而灰绿色次生色的翡翠被称为油青种，可出现结构较为致密、透明度较好的中高档翡翠。

（四）翡翠的颜色以及成因分析

翡翠的颜色丰富多彩，从颜色类型上可分为无色—白色系列、绿色系列、黄色—红色系列、紫色系列、黑色系列和组合系列6个系列。

1. 无色—白色系列

无色—白色系列的翡翠是指无颜色的翡翠，有时可带有淡淡的绿色。此系列的翡翠由较纯的硬玉组成，不含任何致色元素，化学分析结果接近硬玉的理论化学式，即 $NaAl[Si_2O_6]$，不含铁，也不含铬。按照它的透光性可分为不透明、半透明及透明。

图 2-7 无色翡翠

白色不透明翡翠往往具有较粗粒的结构，而且颗粒边界是直线式的，晶粒明显，这种豆种翡翠往往是早期形成的，大面积出现的，价值不高。

白色透光性较好的翡翠，即所谓的有种无色的翡翠（图 2-7），冰种（半透明）或玻璃种（透明），工艺上比较受欢迎，有一定的价值。根据薄片观察，比较透明的白色翡翠在经过地壳运动，挤压后产生糜棱化作用，使原本粗颗粒的晶体成为非常细的颗粒。除结构较细外，从矿物成分上看，这种翡翠含有蚀变矿物，说明发生过后期蚀变作用。

2. 绿色系列

1）绿色系列常见的颜色

（1）正绿色。绿色纯正，是一种含极少偏色的绿色，颜色饱和度高，色彩明亮，如翠绿色、苹果绿色。

(2) 偏黄绿色。绿色中带不同程度的黄色,颜色饱和度高至中等,色彩明亮,如黄阳绿、葱心绿、豆绿(图2-8)等。

(3) 偏蓝绿。绿色中略带蓝色,饱和度中等,色彩欠明亮,如蓝水绿、瓜皮绿、蓝绿色等。

(4) 灰蓝绿。色调发暗,绿色夹带灰蓝色,饱和度中等,色彩不够明亮,如油青绿、灰绿色等。

2) 颜色成因

(1) 类质同像置换。绿色翡翠的矿

图2-8 豆绿色翡翠

物成分主要为硬玉,与白色翡翠类似,均为钠铝硅酸盐,所不同的是或多或少含有微量的致色元素铬和铁,Al-Fe-Cr是可以类质同像代替,并且它们之间的含量是相互消长的关系。当有色离子Fe^{3+}和Cr^{3+}置换了无色的Al^{3+}时,翡翠将呈现出不同色相的绿色。若由少量Cr^{3+}替代Al^{3+},翡翠呈现鲜艳的绿色,含量在0.02%~0.69%不等;随着Cr^{3+}对Al^{3+}替代量的增加,硬玉将逐渐变成钠铬辉石,颜色也随之鲜艳浓厚,但透明度降低;若由Fe^{3+}代替Al^{3+}引起的绿色,其色调比较暗,并且随着铁元素含量的增加,颜色由淡绿色(偏黄)变成暗绿色甚至墨绿色。

(2) 交代和填充作用。经过多次变质及热液作用,由后期含铬溶液活动叠加在早期形成的翡翠之上也可产生绿色。这种矿物在热液中的沉淀有交代和充填两种方式。一般来讲,交代形成的颜色,其规律性较差,变化较大。颜色可以是鲜绿色,但晶体颗粒较粗,晶体排列无一定方向性,透光性(即水头)较差,往往有可能形成有色无种的翡翠,或脏的底与绿色混合在一起的情况,因而降低了翡翠的价值。充填式的绿色翡翠的形成以机械力为主,含铬溶液是沿通道进入的。由于含铬的矿液与固态翡翠的接触几乎没有置换(交代)作用而直接发生矿物的沉淀,所以充填式绿色翡翠质地较细,颜色较均匀。

3. 紫色系列

紫色又称为"紫罗兰"或"春",是翡翠中除了绿色系列以外另一种有价值的颜色。在绿色不多的翡翠中常常可见到紫色,但是大多数颜色比较浅,呈片状分布,并与白色系界线模糊,一般都会被绿色翡翠穿插。紫色翡翠可分为茄紫、粉紫和蓝紫(图2-9)3种色调。茄紫包括由深到浅的正紫色;粉紫是指紫色中略带粉色调,色淡而均匀,也称为藕粉色;蓝紫色是指紫色中带蓝色调,是紫色翡翠中较常见的类型。从结构上紫色翡翠多为中一粗粒结构,甚至有些晶粒可呈巨粒状,长达10mm以上,颗粒之间的结合比较紧密,所以同一块翡翠紫色部分的透明度常常比白色部分要好。从时间顺序上,紫色系列的翡翠属于较早形成的翡翠,但一般晚于同一时代的白色翡翠,常呈角砾状被白色翡翠包围。翡翠的紫色系列是由于Fe、Mn等元素致色。

4. 黑色系列

1) 黑色系列常见的品种

(1) 墨翠(图2-10)。此种翡翠在反射光下呈黑色,透射光下呈墨绿色,半透明或不透明,属于绿辉石质翡翠。

图2-9 蓝紫色翡翠

图2-10 墨翠

(2) 黑色翡翠。透射光及反射光下均为灰黑色、黑色,主要成分为硬玉,由碳质或黑色金属矿物所致。

2) 颜色成因

(1) 风化作用。翡翠中的黑色可以是由风化作用造成的次生色。这种次生的黑色靠近翡翠籽料的外皮,由氧化锰或铁锰氧化物充填在硬玉颗粒的间隙造成。倘若颜色均匀、质地细腻,也具有一定的价值。

(2) 交代作用。翡翠中的黑色可以是由铬铁矿或被硬玉交代后的残余或假象造成的。这种成因形成的黑色一般呈黑点状,强光下呈翠绿色,并且绿色从中心向外逐渐变浅。

(3) 角闪石。黑色角闪石又称为"癣",常常和绿色翡翠相伴出现,故有"黑随绿走"或者"绿随黑走"的说法。一种看法是绿色硬玉形成后,角闪石选择性地交代了含Cr^{3+}、Fe^{3+}的硬玉,所以黑色的角闪石会跟着硬玉脉吃掉绿色;另一种看法是角闪石先形成,其中的Cr^{3+}可以为翡翠提供绿色的致色元素,形成色源。总之,角闪石的存在对翡翠的绿色既有危害性,又具有引导性。

5. 黄色—红色系列

黄色—红色系列俗称"翡"，常见黄翡（图2-11）和红翡（图2-12）两种。

黄翡：由浅至深的黄色，常带褐色调，最佳者为栗黄色，又称为"黄金翡"。这种颜色是由于组成翡翠的矿物颗粒之间或微裂隙中含有褐铁矿等次生矿物所致。

红翡：棕红色或者暗红色，最佳者为鸡冠红色。这种颜色是由于组成翡翠的矿物颗粒之间或微裂隙中的褐铁矿脱水形成的红褐色的赤铁矿所致。

图2-11　黄翡

6. 组合色系列

一块翡翠上常同时存在多种颜色，行业内给它们起了生动形象的名称，如春带彩（春花）是指紫色、绿色、白色在一起，有春花怒放之意；福禄寿是红、绿、紫同时存在于一块翡翠上，代表福禄寿三喜、吉祥如意等。

（五）翡翠的光泽

宝石学中，宝石表面反射光的能力叫做光泽。通常，光泽取决于宝石的折光率，折光率越高，光泽就越强烈。除此之外，宝石的光泽还受到表面抛光程度和表层结构等的影响。

翡翠具有较高的折射率和硬度，故其光泽常呈现玻璃光泽或油脂光泽。质地致密、抛光较好的翡翠，呈现玻璃光泽；而质地粗疏的翡翠，由于受到组成翡翠的矿物颗粒间隙和橘皮效应的影响

图2-12　红翡

而呈现较弱的光泽，一般显示亚玻璃光泽至油脂光泽。此外，一些经过充填处理或

酸洗的翡翠,再加上抛光工艺应用不当,会增加表面的微裂隙发育和橘皮效应,从而出现比油脂光泽更弱的蜡状光泽。

翡翠光泽的确定应在正常的照明条件下,肉眼观察翡翠表面的反光程度(亮度)和映像的清晰程度。

(六)翡翠的透明度

翡翠常呈半透明至不透明,极少为透明。商业中,又称为"水头"。通常来讲,组成成分越单一,矿物颗粒越细,结构越紧密,透明度越好;组成成分越复杂,颗粒越粗,结构越松散,则透明度越差。翡翠中若含有过量的 Fe、Cr 等微量元素时,透明度变差,甚至不透明。

(七)翡翠的折射率

翡翠是多晶质集合体,所以要测定其平均折射率。测试翡翠的折射率一般都是利用常规宝石鉴定仪器——折射仪来完成。由于大多数翡翠都切磨成抛光的弧形表面,故采用远视法(点测法)完成测量。即测试观察时,眼睛距离折射仪目镜 30~45cm 进行观察,根据翡翠样品与折射仪棱镜接触形成影像的明暗界线,来读取折射率的数值。一般来说,翡翠的折射率较稳定,点测法测量一般在 1.65~1.67。

(八)翡翠的相对密度

翡翠的相对密度在一定的范围内变化,一般在 3.20~3.40 之间,而大多数硬玉的相对密度在 3.33 以上。而钠铬辉石质玉由于含有多种共生和伴生矿物,相对密度仅为 2.50~3.20;绿辉石玉的相对密度则为 3.30~3.38。

翡翠的相对密度测试有静水称重法和重液法。静水称重法可以测量翡翠精确的相对密度。利用电子天平分别称得翡翠样品在空气和水中的质量,运用公式为

相对密度=样品在空气中的质量/(样品在空气中的质量
－样品在水中的质量)

计算得出其相对密度。而重液法只能测得翡翠相对密度的变化范围。将翡翠样品置于相对密度为 3.30 的纯二碘甲烷的比重液中,绝大部分的翡翠在这种液体中下沉。

(九)翡翠的硬度

翡翠的摩氏硬度为 6.5~7。

(十)翡翠的解理

组成翡翠的主要矿物硬玉具有平行于{110}的两组完全解理,并且可有平行于{001}和{100}的简单双晶和聚片双晶。

(十一)翡翠的可见吸收光谱

观察翡翠通常采用棱镜式分光镜进行观察,因为光栅式分光镜一般只能模糊地看出红光区的吸收线,紫区的吸收线看不到,而棱镜式的分光镜不仅能够兼顾两者,而且还因透光量较大,更容易观察到紫光区的吸收光谱,红光区的吸收谱线也更为清晰。由于大多数翡翠一般都呈现半透明—不透明,因此选择强光光源。观察时,分光镜需要对准通过样品的光线,尽量使光线全部进入分光镜。

翡翠中只有绿色的翡翠才具有典型的吸收光谱。当颜色为翠绿色时,红光区一定会出现由 Cr^{3+} 引起的 3 条吸收线,并且具有阶梯状吸收,其中中间的一条即 660nm 的吸收线最为明显。此外,在紫光区还可见由 Fe^{3+} 引起的 437nm 的吸收线。颜色为绿至浅绿色时,红光区的由 Cr^{3+} 造成的阶梯状吸收线可能不明显,一般只可见到 660nm 的吸收线,但在紫光区仍可见由 Fe^{3+} 引起的 437nm 的吸收线;墨绿色的绿辉石玉不见红光区的吸收线,只具有 437nm 的吸收线;钠铬辉石则由于不透明,通常观察不到有意义的可见光吸收光谱。

(十二)翡翠的紫外荧光

翡翠的紫外荧光具有重要的鉴定意义。紫外荧光可用紫外荧光灯进行观察。在观察的过程中,由于翡翠的荧光较弱,应该注意避免可见光的干扰,所以必须把样品放在暗箱中进行观察。

天然翡翠基本上没有紫外荧光,尤其是翠绿色、绿色、墨绿色、黑色和红色的翡翠,在长波(364nm)和短波(253nm)紫外灯下,都不发荧光。少见部分白色的翡翠,在长波紫外灯下可见弱的橙色荧光。

而经过处理的翡翠会显示和天然翡翠不一样的荧光特征。翡翠经过上蜡后,会出现弱的蓝白色荧光,如果翡翠的结构不够致密,有较多的蜡浸入了翡翠的内部,这种蓝白色的荧光也会随之增强。早先酸洗充胶的翡翠会有中到强的蓝白色荧光,个别染绿色的翡翠由于染料的存在会出现较强的紫外荧光。

(十三)翡翠的外部特征——橘皮效应

在翡翠成品表面常可见到起伏不平但光滑的抛光面,这种抛光面像橘皮似的起伏不平,这种现象称之为"橘皮效应"(图 2-13)。

这种现象产生的根本原因是由于组成翡翠的硬玉晶体排列方向不一致,而导致在表面出露的矿物颗粒方向不一致,比如有的是柱面平行表面,有的斜交,有的垂直。这些不同的方向在硬度上也会存在差异,垂直柱面出露的颗粒硬度最大;平行柱面出露的颗粒由于解理发育等原因,硬度最小;而斜交者硬度则介于两者之间。在加工和抛光的过程中,较软的颗粒就会被更多地磨蚀形成下凹的表面,从而产生微小不平整的光滑面。

图 2-13 橘皮效应

观察翡翠表面的橘皮效应一般在日光或灯光的反射光下利用 10 倍放大镜或者显微镜可以较容易地观察到这种现象,较为明显的橘皮效应用肉眼即可直接观察。这种现象是否明显取决于两方面的因素。首先是翡翠的结构性质,组成翡翠的硬玉粒度越小,结合得越紧密,橘皮效应就越不明显;其次是抛光的方法和质量,软盘抛光所产生的橘皮效应明显于硬盘抛光,而较高硬度的抛光粉可以减弱橘皮效应。

需要指出的是,一些有关翡翠的文章和书籍中把"橘皮效应"作为翡翠 B 货的特征描述,这是不可取的。因为"橘皮效应"在翡翠 A 货中才表现得比较突出,凸起与凹陷之间的界线为逐渐平滑过渡。而翡翠 B 货中由于强酸的侵蚀作用,使得硬玉矿物颗粒的间隙十分明显,表现在凸起与凹陷之间不是平滑过渡,而是有一裂隙隔开,形成穿插于各硬玉矿物颗粒间、犹如蜘蛛网状的裂隙纹路,称之为"酸蚀纹"。

(十四)翡翠的内部特征

1. 豆性

所谓的"豆性"(图 2-14)是指组成翡翠的晶粒之间的界线,当晶粒的边界明显时,就出现"豆"的现象。豆状特征多出现在透明度不好的翡翠中,颗粒粗大,晶粒之间镶嵌不紧密、边界平直。可从翡翠抛光的表面上,查找颗粒的边界来识别颗粒大小和形态特征,这也是翡翠的一种鉴定标志。

图 2-14 豆性

2. 翠性

翡翠表层在光线照射下出现一个个犹如苍蝇翅膀的亮白色反光,这种现象称为"翠性"(图2-15),也叫"雪片"、"苍蝇翅"、"沙星"。这种现象是由于组成翡翠的硬玉颗粒或其他辉石矿物具有两组完全解理,这些平整光滑的柱面解理面对光线产生镜面反射,在光照下转动翡翠,不同部位的解理面会出现大小不同的闪光,从而产生了翡翠的翠性。

翠性是翡翠独有的特征,借此可以与其他玉石及仿冒品区分开来。但是,翠性的明显程度与翡翠的结构有较大的关系,根据翠性的大小和形态,可将翠性分为3种类型。

(1)雪片:片状的较为明显的闪光面,通常由粗粒、短柱状硬玉颗粒造成。

(2)苍蝇翅:狭长状的小闪光面,由中粗粒柱状到长柱状的硬玉颗粒造成。

(3)沙星:点状的细小闪光面,由中细粒长柱状或纤维状的硬玉颗粒造成。

所以,翡翠的矿物颗粒越粗大,翠性越明显,有时用肉眼就可以直接见到;但是颗粒越细腻这种现象越不容易观察到,特别是翡翠经过抛光、上蜡等工序以后,这种现象就更难观察到了,尤其是沙星状的翠性更难观察。

图2-15 翠性

3. 内含物

1)石花

石花是指存在于翡翠绿色或其他颜色之中的星散状、棉絮状、团状的"白花"。石花也可能是翡翠中的包裹体,也可能是愈合裂隙,与后期填充、交代作用、翡翠的颗粒大小有关,所以也可以看作结构特征。

(1)石花类型。根据石花的形状和特征可将其分为芦花、棉花和石脑3种类型。芦花是轻微的石花,灰白色的絮状物呈细小分散的形式发布在翡翠中,不特别明显;棉花为较为明显的白色或灰白色絮状物,呈较为集中的团块状分布;石脑为明显的白色或灰白色絮状物,相对芦花和棉花来说与周围的界限比较截然,显得有点像硬块,是最为严重的石花类型。

(2)石花成因。石花的成因可以分为微裂隙成因、矿物间隙成因、矿物内含物成因三大类。

微裂隙石花一般出现在形成时间较早、结晶颗粒较粗,受构造应力作用强烈的翡翠中。翡翠是在高压力变质条件下生成的一种产物,强烈的构造应力会导致翡翠内部产生不同程度的应力破碎,如产生一些破碎裂隙、愈合裂隙、碎裂矿物微粒以及在微隙附近的硬玉矿物出现的解理裂等。这些应力破碎的存在使翡翠内部形成了肉眼可见的微裂隙石花,这些石花呈面状出现。在矿物学薄片中,这些石花常以一组或两组平行条带出现,并穿切硬玉矿物颗粒。

矿物间隙石花一般出现在矿物结晶粗大、结构松散的翡翠中。这些石花是由各矿物晶粒间结合界面和界面上微细粒杂质矿物构成,并围绕矿物颗粒边缘构成网格状分布,可显现矿物颗粒的轮廓。另外,若翡翠中存在着不同矿物成分或不同时代的硬玉组合,相互颗粒间明显或微弱的折射率差异也会使间隙石花显现出来。

矿物内含物石花一般出现在变质结晶结构、变质斑状结构的粗粒硬玉中,而显示动力变晶结构、具明显波状消光的细粒硬玉中,内含物石花较少见。这些石花主要为硬玉等矿物形成时所包含的细粒内含物,可分为固相、液相或气液相等内含物类型,内含物常密集分布于单颗粒矿物中,构成团块状或云雾状石花。由于内含物与寄主矿物的折射率常有一定差别,使得内含物石花往往显示较为明显。

(3)石花存在形式。在不同种类翡翠中,石花的存在形式和多少有所不同,反映到翡翠的透明度上也有所差异。在冰种翡翠中,晶间嵌结比较紧密,内部主要可见一些星点状、团块状、薄雾状分布的矿物内含物石花和少量呈丝柳状分布的微裂隙石花,矿物间隙石花较少,透明度较好;白底青、干白地翡翠中除了出现有大量的条带状、面状微裂隙石花和网格状矿物间隙石花外,还有云雾状矿物内含物石花广泛分布,从而严重影响了其透明度,一般表现为半透明—不透明;干青种翡翠可出现较好的翠绿色,但在主要矿物颗粒中存在有大量团块状矿物内含物石花,加之本身有含 Cr^{3+}、Fe^{3+} 较高的钠铬辉石、铬铁矿等矿物成分,对光线产生了明显的吸收,因此几乎不透明。

石花也可以作为翡翠的一项非常重要的鉴别特征,因为硬玉矿物主要是柱状出现,"絮状物"也往往呈长条状,有的还可以显示硬玉矿物轮廓,棉絮相互交织在一起。而一些仿翡翠制品,如由钠长石组成的水沫子或石英颗粒组成的石英岩玉组成矿物等都是大粒状的,所观察到的"絮状物"也显示的是糖粒状特征,而岫玉的棉絮则为团块状。

2)癣

"癣"也称为黑斑,是指存在于翡翠的绿色之中、形如斑点或条带等形态的黑色杂斑。按其形态、颜色、分布特征等方面的差异,可分为黑点、黑丝、黑带等类型。

(1)黑点。黑点是指翡翠的绿色之中存在的斑点状黑物,具有多种多样的形状和大小,常分布于呈浓艳绿色、水头足的翡翠中。它是铬铁矿被硬玉交代后的残余和假象,在强光的透射下往往呈绿色,反射光下往往呈黑色。

(2)黑丝。黑丝是指存在于翡翠之中的黑色丝状物,它是由角闪石交代翡翠中的中小脉体而形成的。黑丝在翡翠中有时为单独而短小的黑丝,有时则为或宽或窄的小丝片状,而有时竟密集在一起,从小范围观察是黑丝,大范围内观察则为脉状。不过,黑丝并非完全单独出现,而往往与绿丝相互缠绞在一起,色深者黑,色浅者绿。

(3)黑带。黑带是指存在于翡翠之中的黑色带状物或脉状物,俗称"黑带子",它是由翡翠中的绿辉石造成的。黑带常与呈绿色的带子平行排列,有时为一层黑色紧裹着一层绿色,有时则为一层黑色的两侧为绿色,也有多条黑色与绿色互相交错分布。

3)绺裂

绺裂,简单地说,就是存在于翡翠中的裂纹或裂痕。它是天然翡翠最为突出的缺陷之一,由于它的存在,以致常常影响翡翠的品质及对其加工、销售和利用。

通常按大小或规模的差异被分为大型绺、小型绺;按裂开程度的不同被分为开口绺、合口绺。绺裂一般为白色,白色绺裂表现得很明显,说明它已经开裂,形成"开口绺",那些颜色很淡或察觉不出其颜色特征者,被认为是轻微的"合口绺"。但如果绺裂呈红、黄、黑等色时,则说明翡翠的绺裂很严重。

工艺美术界根据其大小、裂开程度、形态特点、展布方向、颜色等方面的差异,常给以不同的名称。人眼能直接看到的翡翠绺裂称为"外绺",如夹皮绺、恶绺、大绺等,一般容易被人重视。存在和隐藏于翡翠表层或内部,人眼不易或不能看到的绺裂称为"内绺",如小绺、小十字绺、蹦瓷绺等。

4)石纹

石纹也称为"水迹"、"石筋"等,其实是一种愈合裂隙,早期形成的裂隙被后期充填结晶而形成的矿物脉。石纹一般是无法用手感觉到的,在反射光下通过10倍放大镜观察表面无缝隙,在透射光下可见到矿物脉的存在。

行业内一般认为石纹不会影响翡翠的耐久性,只会对翡翠的外观造成程度不同的差异。最细小的石纹是愈合或者部分愈合的颗粒间隙,可呈白色,数量多时会影响翡翠的透明度;而大的石纹一般都和翡翠形成的地质过程有关,这些石纹有时会形成平行波浪线,对翡翠的外观和价值产生较大的影响。

第三节 翡翠的品质评价

古语有云"黄金有价,玉无价",相对玉石而言,黄金与钻石的品质评价要素较为简单。消费者可以根据黄金的成色、质量、工艺、品牌价值等几个要素,通过查阅贵金属实时报价表,初步获得黄金首饰的价格;对于钻石,可以根据钻石的大小、切工、颜色、净度、荧光等几个方面,通过查阅国际市场上定期发布的rapport钻石报价表可大致对钻石的价格有个良好的预估。

然而对于玉石来讲,市场上大体同等品质的玉石,其价位却往往差别很大,很难掌握。这是因为玉石和单晶体宝石不同,它是由多晶体组成,组成矿物的颗粒大小不同、排列方式不同且分布又往往不均匀,从而造成玉石的颜色、结构、透明度、杂质等不同,在对其进行品质评价时就显得比较困难。总的来说,可以从颜色、透明度、结构、净度、工艺、大小6个方面对翡翠的品质进行评价。下面就介绍翡翠的品质要素并详细介绍其质地,特别是多方面起到决定作用的翡翠的种。

一、翡翠的品质要素

翡翠的品质要素主要包括颜色、透明度、结构、净度、工艺、大小6个方面。

(一)颜色

颜色是决定翡翠价值的首要因素,颜色就是价值,行内有"色差一成,价高十倍"的说法,表明了颜色的突出重要性。因此正确地对翡翠的颜色进行评价尤为重要。

在观察翡翠颜色时,通常人们以自然的日光下所见到的颜色为准,而灯下变化较大,如在钨丝灯光下、黄光灯下看翡翠,其颜色会显得鲜些,饱和度也会高些,所谓"月下美人,灯下玉"即反映这种情况。而在白光灯管下看翡翠颜色会淡些暗些,因此翡翠颜色会差些。

最标准的光源应该是太阳光,这样看翡翠才是比较真的颜色。但实际上在太阳光下看翡翠也不完全相同,不同的纬度、不同天气,甚至同一天内随着观察的时间不同,光线的颜色也有变化。一般是早上的阳光略带红色,中午则以白蓝光为主,但直射阳光比蓝天下的光线偏黄色调,下午三点以后,光中的黄色调明显增多,傍晚橙红色调大量增加。观察宝石以中午阳光最佳。

《翡翠分级》(GB/T 23885-2009)中规定翡翠分级时的照明光源,色温为4 500~5 500K,显色指数不低于90。环境要求应在无阳光直射的室内进行,环境的色调应为白色或中性灰色。

翡翠是世界上颜色最丰富的一种玉石,翡翠分级标准中按照颜色的主色调将翡翠分为无色—白色、绿色、黄色—红色、紫色及组合色。绿色、紫色、黄色—红色翡翠的颜色以其色调、彩度、明度的差异进行级别划分。根据人们长期观察的经验,可从色调、浓度、纯度、鲜艳度和均匀度5个方面进行观察分析。

1. 色调

色调是指颜色的种类,也称色相。翡翠的色调繁多,主要有无色、绿色、黄色、红色、紫色、青色、黑色、白色以及其间各种各样的过渡色。对翡翠色调好与差的评价,总体来看以绿色为最佳,而其他各种色调相对欠佳。紫色俗称紫罗兰,价值比较高。黄色和红色通常称"翡",优质的红翡价值也较高。

2. 饱和度

颜色的饱和度是指颜色的深浅程度。颜色的深浅是比较直观的,可将颜色饱和度分为极浓、浓、较浓、较淡和淡5级。一般认为,翡翠颜色以浓淡适宜为佳。对颜色好与差的评价不一定越深越好,对绿色者是以深和中深为佳,即不浓不淡较适中,很深或浅淡则欠佳。而对黄色、紫色和黑色者则一般是越浓越深越好。

3. 纯度

纯度是指色调的纯正程度。一般我们将白光分解出来的红、橙、黄、绿、青、蓝、紫七色光和黑、白色调定为正色,偏离这种颜色就称为偏色。翡翠的绿色往往混有黄色或蓝色甚至灰色,这样就会降低其美感,从而降低其价格。

4. 明度

明度是指颜色的明暗程度,一般可分明亮、较明亮、较暗、暗4个等级。随着地区的不同,人们对颜色的浓淡也有所偏好,高纬度地区的人们(中国北方人、日本人)一般偏爱颜色略深一些,低纬度地区的人们(新加坡)一般偏爱颜色略浅一些;年龄的不同对颜色的喜爱程度也会有变化,年长的人喜欢颜色偏深一些,年轻人多数喜欢颜色浅一些;性格内向的人一般喜欢较深的颜色,性格外向的人一般喜欢清淡的颜色,但对鲜艳度的要求却是一样的,都是鲜艳度越高越好。

5. 均匀度

均匀度是指颜色分布的均匀程度,一般可分为很均匀、较均匀、不均匀3级。对翡翠颜色均匀度好与差的评价,一般是越均匀越好,不均匀则差。

另外,对于一块翡翠具有多种颜色时,其评价时可按颜色的搭配构图的具体情况而定。如几种颜色搭配协调,构图美观则价值较高,如市场上流行的"刘关张"、"福禄寿"等。

在翡翠的外观颜色中,绿色是最具有价值和被市场认可的一种颜色。由于复杂的地质作用,翡翠的绿色又千差万别,可以从色调、彩度和明度3个方面对绿色进行评价。

1. 绿色翡翠的色调

根据绿色翡翠色调的差异,将其划分为绿、绿(微蓝)、绿(微黄)。

绿:翡翠主体颜色为纯正的绿色,或绿色中带有极轻微的、稍可察觉的黄、蓝色调;

绿(微蓝):翡翠主体颜色为绿色,带有较易觉察的蓝色色调;

绿(微黄):翡翠主体颜色为绿色,带有较易觉察的黄色色调。

1)与绿色色调相关的术语

翠绿:绿色鲜艳,饱和度高,为标准的绿色;

艳绿:绿色纯、正、浓、不带其他的暗色;

阳绿:绿色中带有黄色调,较明亮;

淡绿:较浅的绿色,饱和度较低;

蓝绿:绿色中带有轻微的蓝色调,整体上给人以沉静的感觉,不够明快;

暗绿:颜色较深,绿色过浓;

墨绿:绿色过浓,显黑色,透射光下观察到绿色;

豆青绿:半透明—微透明,豆青色,为翡翠中最常见的颜色(图2-16);

蛤蟆绿:半透明—微透明,绿色中带有蓝色或灰色调;

瓜皮绿:半透明—不透明,颜色不纯正,似西瓜外皮的颜色;

油绿:绿色中带有灰色或褐色调,颜色较闷发暗;

鹦哥绿:绿色艳丽,带有黄色或蓝色调;

葱心绿:带绿色调,颜色较鲜艳,不均匀。

2)与绿色的分布形态相关的术语

点子绿:颜色呈点状分布,不规则分布;

图2-16 豆青绿

图2-17 脉状绿

丝线绿:颜色呈丝状或线状展开;
絮状绿:颜色呈絮状分布;
脉状绿:颜色呈脉状延伸(图2-17);
网状绿:颜色呈网状交错;
块状绿:颜色呈斑状、团块状聚焦。

2. 绿色翡翠的彩度和级别

彩度指翡翠颜色的浓淡程度。根据绿色翡翠的彩度差异,将其划分为5个级别。由高到低依次为极浓、浓、较浓、较淡、淡。

极浓:反射光下观察颜色呈深绿色到墨绿色,透射光下观察颜色呈浓绿色;
浓:反射光下观察颜色呈浓绿色,浓艳饱满,透射光下观察颜色呈鲜艳绿色;
较浓:反射光下观察颜色呈中等浓度绿色,透射光下观察颜色呈较明快绿色;
较淡:反射光下观察颜色呈淡绿色;
淡:颜色很清淡,肉眼感觉近乎无色。

3. 绿色翡翠的明度级别

明度是指翡翠颜色的明暗程度。根据绿色翡翠明度的差异,将其划分为4个级别。明度级别由高到低依次表示为明亮、较明亮、较暗、暗。

明亮:样品颜色鲜艳明亮,基本察觉不到灰度;
较明亮:样品颜色较鲜艳明亮,能觉察到轻微的灰度;
较暗:样品颜色较暗,能觉察到一定的灰度;
暗:样品颜色暗淡,能觉察到明显的灰度。

(二)透明度

透明度是指光线自由透过的程度。当光线投射到翡翠表面时,一部分光将从表面反射,一部分光将进入翡翠里面而透过去。

翡翠的透明度大致可分为透明(图2-18)、亚透明(图2-19)、半透明(图2-20)、微透明(图2-21)和不透明(图2-22)5级。透明度对评价翡翠很重要,透明度高的翡翠可大大增加其美感。俗话说"外行买色,内行买种",由此可见评价翡翠时,种分占有很重要的地位。

由于组成翡翠的颗粒粗细不同、晶形不同及排列组合不同,可以让光线通过的能力也就不同,光线通过的越多则其透明度越好,光线通过的越少则其透明度越差。行内一般将透明度称为"水头",透明度好称为"水头足"或"水头长",这样的翡翠显得非常晶莹剔透;透明度差称为"水头差"或"水头短",这样的翡翠显得很"干"或"死板"。

另外,颜色也会对透明度产生一定的影响。若颜色较深,水头就会受到一定的

图 2-18　透明　　　　图 2-19　亚透明　　　　图 2-20　半透明

图 2-21　微透明　　　　图 2-22　不透明

影响;若水头较好,绿色一般会变得更润泽,有时也会稍微降低颜色的色调。一般而言,水头好且绿色足的一定是高档品种,水头与颜色的配合是评估翡翠品质及价值中最重要的方面。

除此之外,从工艺评估的角度,光源与翡翠的透明度也有明显的关系。光源强或在接近中午时的日光时,翡翠的水头就显得好;相反,如果光源弱或在阴天时,翡翠的水头就显得差,因此,准确的评估应以中午有阳光的时候为准,所谓"无阳不看玉"即是这一道理。

(三)结构

翡翠结构是指组成翡翠晶粒的粗细、形状以及它们的结合方式。结构与翡翠成品的美感及耐久性均有密切的关系,是评价翡翠的重要因素。

结构与透明度和抛光性有直接的关系。质地越细腻,翡翠的透明度越高;质地越粗,翡翠的透明度越差。质地越细,其抛光程度越好,表面反光度也越强,可大大增加翡翠的美感。

翡翠的质地越细越好,越均匀越好。翡翠是多晶集合体,晶体的颗粒大小决定了翡翠的细腻和粗糙程度,即晶体颗粒度越小则玉质越细腻,晶体颗粒度越大则玉质越粗糙。一般用肉眼观察,如有明显的颗粒感,则质地较粗,如无颗粒感,则质地比较细腻。如在10倍放大镜下也无颗粒感,则其质地就非常细腻了。

根据翡翠组成颗粒的粗细程度可将翡翠结构分为极细(图2-23)、细(图2-24)、较细(图2-25)、较粗(图2-26)、粗(图2-27)5个等级。

图2-23 颗粒极细

图2-24 颗粒细

图2-25 颗粒较细

图2-26 颗粒较粗

图2-27 颗粒粗

(四)净度

净度指的是翡翠的内外部特征对其美观和耐久性的影响程度。翡翠的内部特征指包含在或延伸至翡翠内部的天然内含物和缺陷。外部特征指的是存在于翡翠外表的天然内含物和缺陷。

翡翠中典型的内外部特征类型包括点状物、絮状物、块状物、解理、纹理和裂纹,根据翡翠中包含的特征将其划分为 5 类,由高到低依次为极纯净、纯净、较纯净、尚纯净、不纯净。

极纯净:几乎不见内外部瑕疵,仅在不明显的局部有极少量浅色点状物、絮状物,对整体美观或耐久性没有影响;

纯净:有细小的内或外部瑕疵,肉眼可见少量浅色点状物、絮状物,对整体美观或耐久性有轻微影响;

较纯净:有较明显的内或外部瑕疵,肉眼可见点状物、絮状物及少量块状物,对整体美观或耐久性有一定的影响;

尚纯净:有明显内或外部瑕疵,肉眼易见点状物、絮状物及少量块状物外,还可见纹理和裂隙,对整体美观或耐久性有明显影响;

不纯净:有极明显的内或外部瑕疵,肉眼明显可见块状物、纹理、裂隙等,对整体美观或耐久性有严重影响。

(五)工艺

翡翠的工艺评价包括材料应用设计评价和加工工艺评价两个方面。材料应用设计评价包括材料应用评价和设计评价。加工工艺评价包括磨制(雕琢)工艺评价和抛光工艺评价。

材料应用评价从翡翠的材质、颜色运用、翡翠的内外部特征处理等几个方面进行考虑;设计评价从主题是否鲜明、造型是否美观、构图是否完整、比例是否协调、结构是否合理等几个方面考虑(图 2-28,图 2-29)。

图 2-28 翡翠摆件

图 2-29 翡翠摆件

加工工艺评价的总体要求是雕件的轮廓清晰,层次分明,点面精准,线条流畅,细部处理要求得当。抛光工艺的总体要求是抛光要到位,表面光滑、光亮。

（六）大小（块度）

在颜色、透明度、结构、净度、工艺等相同或相近的情况下，块度越大，翡翠价值就越高。

在评价翡翠的价值时，除要综合考虑以上的品质级别外，还需要考虑该翡翠的来源（如名人拥有过）、制作年代、品牌、出处（玉雕大师的作品）等因素对其价值的影响。另外，还要结合市场上翡翠的供需状况、各地区的消费水平和整体销售价格、外围市场的资金流通情况等进行考虑。

二、翡翠的质地

《翡翠分级》（GB/T23885－2009）关于翡翠的质地的定义，是指组成翡翠的矿物颗粒大小、形状、均匀程度及颗粒间相互关系等因素的综合特征；并根据肉眼及借助10倍放大镜观察矿物的粒径大小，对翡翠的质地级别由高到低划分为极细、细、较细、较粗、粗5个级别。

（一）翡翠质地的影响因素

1. 翡翠结构对质地的影响

翡翠属于变质作用产物。根据形成翡翠的变质作用不同，可以将翡翠的结构分为变晶结构、交代结构、塑性形变结构和碎裂结构4大类。

1）变晶结构对质地的影响

颗粒大小会对翡翠的质地产生一定的影响。翡翠的组成矿物颗粒越细，质地就越细腻，光泽和透明度都会提高；反之，结晶颗粒越粗，粒间间距大，从而会有较多的杂质物质带入，当光线透过翡翠时，会消耗较多的能量，因此透明度会降低。除此之外，对颗粒粗的翡翠进行打磨抛光时，会比较困难，因为要克服组成翡翠的硅氧四面体链，抛光出来的成品表面往往显得不够平整，而且抛光时在力的作用下大颗粒晶体更易出现解理，从而使整体光泽度受到影响。另外，颗粒形状及排列对质地也会产生一定的影响。柱状变晶结构翡翠的光泽度和质地要比具有束状排列、放射状结构的翡翠光泽度和质地好。这种现象是由于光的散射造成的，晶体排列不规则，晶体大多与切面斜交，显露的多为晶体断口或是在晶体间杂乱排列的细小充填物，这样造成光的散射从而降低翡翠的透明度。

2）交代结构对质地的影响

当翡翠中的硬玉颗粒被角闪石族矿物所交代，因带入了Fe、Mn等杂质元素，翡翠的颜色会变暗，透明度随之低，质地变差。

当钠长石被硬玉交代，并且交代作用不彻底时，钠长石仍较多地残留在翡翠中，形成"石花"，但是光泽度较纯硬玉降低。当交代作用比较彻底时，钠长石以极少的含量均匀地分散在硬玉颗粒之间,往往不易为肉眼所察觉,但是这种存在方式足以降低翡翠整体的透明度,使质地变差。这是因为翡翠是一种主要由硬玉组成的矿物集合体,其粒间光学效应的强度主要与硬玉的折射率成正比,硬玉的折射率为1.66,不足以使翡翠变成白色,当翡翠中存在钠长石时,钠长石折射率为1.533±,与硬玉相差约为0.130,从而增大了粒间光学效应,使翡翠透明度降低,呈现白色。

交代作用形成的翡翠主要由硬玉、角闪石和钠长石组成,这些组成矿物由于硬度存在差异,抵抗磨削的能力不同,这样的翡翠往往表面粗糙不平,光发生部分散射,使光泽度降低;另一方面,角闪石和钠长石的折射率分别为1.625~1.628、1.530~1.535,比硬玉的折射率1.654~1.667低些,而光泽的强度一般取决于反光量,折射率越大,光线在晶体中穿越的速率越小,其反射光量越大,光泽越强。由于交代作用形成的翡翠中含较多的角闪石和钠长石,光的反射效应相对硬玉差些,导致翡翠的光泽度降低。

3)动力变质作用对质地的影响

塑性形变结构和碎裂结构都是由动力变质作用引起的,具有这些结构的翡翠一般质地较差。动力变质作用引起硬玉矿物内部产生晶内滑动,晶格发生位错和扭曲,光率体发生偏转,不利于光的传播,必然使透明度降低。此外,还会引起矿物发生破碎,降低翡翠的坚硬度、完整度和透明度,从而影响翡翠的质地。

2. 内含物对质地的影响

1)石花对质地的影响

石花是翡翠中较为常见的一种内含物。不同成因的石花对翡翠的质地会造成不同程度的影响。钠长石质石花是一种成分内含物,由钠长石集合体组成,是钠长石岩向翡翠变质转化过程中残留下来的。由于钠长石抗风化能力不及硬玉,翡翠中钠长石含量越高,在翡翠原石皮壳上由差异风化产生的凹坑就越多。钠长石一般透明度较好,钠长石质石花的存在有利于提高透明度和质地;同时,钠长石的折射率、硬度都低于硬玉,钠长石质石花的存在会不同程度地降低翡翠的光泽度和坚硬度,从而影响其质地。

2)癣对质地的影响

"癣"是指存在于翡翠的绿色之中、形如斑点或条带等形态的黑色杂斑,也称为黑斑。按其形态、颜色、分布特征等方面的差异,可分为黑点、黑丝、黑带等类型。

有些"癣"是由角闪石族矿物集合体构成的脏黑,常常是含Cr^{3+}、Fe^{3+}高的深绿色辉石族矿物(如绿辉石、钠铬辉石等)变质形成的,由于角闪石族矿物在折射率、硬度等方面都低于辉石族矿物,从而使翡翠整体的光泽度和坚硬度略有降低,影响其质地。

综上所述,综合评价翡翠的质地应从影响质地的各因素来进行,这些因素包括透明度、光泽、洁净度、完整度以及与绿色协调程度等方面。按照市场调查研究的情况,在这些因素中,透明度最为最要,透明度好的翡翠,质地档次就高,其他因素相对居次。

(二)翡翠质地的分类

翡翠的质地种类较多,常见的有以下几种。

1. 玻璃地

玻璃地(图2-30)是指翡翠的结构非常细腻,呈微—细粒结构,完全透明,宛如玻璃,无云雾感,无石花、石纹等杂质,是翡翠中最高档的地子。

2. 冰地

冰地(图2-31)底色为无色或淡色,呈细—微粒结构,亚透明至透明,可有少量的"石花"。整体晶莹如冰,给人一种冰清玉洁的感觉,也属于翡翠中高档的地子。

3. 蛋清地

蛋清地也称为"化地"、"鼻涕地"。底色无色或有色,呈中—细粒结构,半透明—亚透明,外观为云雾状。

图2-30 玻璃地

图2-31 冰地

图2-32 糯地

4. 糯地

糯地(图2-32)底色为白色,细粒结构,半透明至微透明,质地细腻,无粒状感。

5. 藕粉地

藕粉地底色为紫色或微带粉色,似熟藕粉的颜色,半透明至不透明,质地比较细腻。

6. 油青地

油青地(图2-35)又称"油地",颜色较暗,有油青色、蛋青色、蓝青色等,并明显带有灰色或蓝色色调,半透明,质地细。

7. 豆地

豆地(图2-33)颜色多为浅绿色,介于半透明至微透明之间,呈中—粗粒结构,晶粒边界明显,肉眼可见颗粒。

8. 瓷地

瓷地(图2-34)底色为白色,微透明,呈粗—细粒结构,外观上粒度虽可较细,但透明度不好,如同瓷器。

9. 干地

干地底色为白色,呈粗粒结构,不透明,外观上矿物颗粒和边界清楚,结构也较为松散。

图2-33 豆地　　　　　图2-34 瓷地　　　　　图2-35 油青地

三、翡翠的种

翡翠的种又称为"种质"或"种份",是对翡翠的颜色、透明度、结构、内含物、大小等诸多因素的综合评价。

行业内,常常用翡翠的成因类型、颜色特征、透明度、结构特征、所有者地名或发现时间等来命名。但是,这些"种"实际上是特定的品质要素的组合,有些品种由于没有普遍性,被自然淘汰,另一些品种则反映了一些翡翠的共性和品质,而在行业内得以广泛地传播和应用。

(一)根据成因得名的名称

1. 老坑种

老坑种颜色为纯正、明亮、浓郁、均匀的翠绿色,半透明—透明状,质纯无杂质,微细粒结构,玻璃光泽,玉体形貌观感似玻璃。"老坑"原来是相对于"新坑"而言的,采玉人一般认为河床或其他次生矿床中采出的翡翠较矿脉中的玉更成熟、更老,又由于次生矿开采较早,故称为"老坑"。

若老坑种透明度很高,水头足,即为玻璃地,称为老坑玻璃种,为翡翠中品质最高档的品种。

2. 新山种

新山种指采自原生矿脉中的结构粗、松,透明度差的翡翠。

(二)根据地名或开采时间得名

1. 磨西西

磨西西呈鲜绿色,半透明—不透明。矿物组成非常复杂多样,以钠长—钠铬辉石为主,基本上都含有硬玉成分,但往往所含的硬玉成分很不均匀,当硬玉含量足够多时,其物化特性也和翡翠相似,因此摩西西可以是翡翠,也可以不是翡翠,目前争论较大。

2. 八三玉

八三玉是1983年在缅甸一处无名矿山首次发现的,故以开采时间来进行命名,民间也有称为"巴山玉"、"爬山玉",也有的称为"硬钠玉"、"钠长硬玉"。八三玉的矿物组成较简单,其主要矿物为硬玉,其次含有少量辉石族矿物和闪石族矿物。

八三玉的颜色以乳白、灰白、浅绿为底色,底色中常嵌布着绿、暗绿、墨绿色云朵状、浸染状、脉团块色斑,犹如飘花。由于具有中粗粒结构,不透明,裂隙多且分布广,原石较少直接用作玉制品的原料,其制成品均需经优化处理制作B货。经处理的八三玉的结构、颜色、透明度、硬度、光泽等都发生了变化,其颜色仍为原生色,只是经酸性溶液的浸泡,基底变白了,绿色也有些发黄,像翡翠中浅色的菠菜绿,形状由天然团片状、条带状向斑点状、柳条状和碎块状转化,凌乱且有飘浮感;透明度可达到半透明—透明,整体润泽度接近优质玉石,光泽可达到玻璃光泽,但带有树脂或油脂的感觉;改善后硬度下降,八三玉原料的硬度比翡翠略低,而制成品的硬度由于先天质地疏松和后来酸漂洗双方面的因素,硬度下降为平均6.6左右。

手镯是八三玉B货的主打产品,底色多呈乳浊白色、浅绿色,半透明状,常有绿、暗绿色飘花,紫外下具蓝白荧光,敲击玉体音沉闷。为了使"八三玉"B货手镯质地、色泽能保持得长久一些,佩戴时应避免热水浸泡和太阳的暴晒,还应经常用湿毛巾擦洗,吹干后在绒布上抛光,切忌用有机溶剂(酒精、香蕉水)擦洗。

(三)根据翡翠的颜色、质地特征命名

1. 冰种

冰种翡翠(图2-36)属中上档的翡翠品种,在外观上呈现无色或淡色,半透

明—亚透明,微细粒结构,粒度均匀一致,清亮似水给人以冰清玉莹的感觉。若冰种翡翠中有絮花状或断断续续的脉带状的蓝颜色,则称这样的翡翠为"蓝花冰",是冰种翡翠中的一个常见的品种。

冰种和玻璃种(图2-37)翡翠在外观上有些相似,区分冰种和玻璃种,大多数人是从透明度来看的。与冰种翡翠相比,玻璃种翡翠的结晶颗粒更为细密,透明度更高,而冰种翡翠往往水头也很好,也很透。这种情况下,面对一件翡翠,仅仅依靠透明度来区分玻璃种或冰种,对很多人来说,并不容易。在无法区分玻璃种、冰种的情况下,这里有一个简单的判断方法——以是否"起荧"为标。"起荧"是指由于翡翠内部排列规则的矿物颗粒对光的反射而形成柔和亮光的现象,起荧的即是玻璃种,很透但没有强荧光的就是冰种。

图2-36 玻璃种

图2-37 冰种

2. 水种

水种的玉质结构略粗于老坑玻璃种,光泽、透明度也略低于老坑玻璃种。外观上此种翡翠通透如水但光泽柔和,内部可见少许掩映波纹,或有少量暗裂和石纹,偶尔还可见极少的杂质、棉柳,是翡翠中的中上档品种。

水种翡翠常见4种情况:无色的称"清水";具有浅浅的、均匀的绿色,则称"绿水";具有均匀的、淡淡的蓝色,称之为"蓝水";具有浅而均匀的紫色的,称为"紫水"。市场中的价格以清水、紫水为上,而绿水、蓝水次之。

3. 芙蓉种

芙蓉种翡翠(图2-38)有几分芙蓉花的气韵。所谓芙蓉种,其颜色一般为淡绿色,不带黄色调,绿色清澈纯正,通常整体色泽一致,有时其底子略带粉红色。芙蓉种翡翠底子略带粉红色,如果出现几条深绿色的"痕",就叫"芙蓉起青根。"如果出现不规则的绿色"痕",就叫"花青芙蓉种"。

芙蓉种呈透明至半透明,结构略有颗粒感,但看不到颗粒的界限,色虽不浓却清澈,所以价格适中,容易被一般人接受。

芙蓉种翡翠属中高档翡翠。由于颜色较淡,所以将芙蓉种翡翠制成手镯是上上之选,它很少有绺裂和杂质,颜色清爽,质地较细,透明度较高,虽然每项指标都不是顶级,但组合在一起却效果极佳,而价格也只能算中等偏上,非常适合中青年女士佩戴。当然,芙蓉种翡翠也可雕刻成佩饰、坠饰等,特点是少作雕工,仅保留大光面,以体现其整体的种水与颜色和谐搭配的美观效果。

图 2-38 芙蓉种

图 2-39 豆种

4. 豆种

豆种(图 2-39)是翡翠中很常见的一个品种,行话有"十有九豆"之说。豆种多数为浅绿色,半透明—微透明,中粗粒结构,晶体颗粒大多呈短柱状,像粒粒豆子排列于翡翠内部,凭肉眼便可明显看出这些晶体的分界面,豆种也就由此得名。

由于晶粒粗大,所以外表也难免粗糙,其光泽、透明度往往不佳,翡翠商界称其"水干"。豆种在翡翠中属于中低档的品种,价格不高。按其结构可将豆种进一步细分为粗豆(晶粒大于 3mm)、细豆(晶粒小于 3mm)、糖豆和冰豆等。

5. 花青种

花青种(图 2-40)翡翠底色为无色、浅绿色、浅白色或其他颜色,绿色有浅绿、深绿,绿色呈丝状、脉状、团块状及不规则状分布,似花布状。

花青种翡翠不透明—微透明,结晶颗粒较粗

图 2-40 花青种

糙,柱状、粒状的矿物晶体的形状肉眼下即能被轻松地辨认出,敲击翠体的声音不再清脆悠扬,而明显地深沉起来。不规则的颜色可深可浅,分布时密时疏,因此这类翡翠被称为"花青种"。

花青种翡翠颜色的分布大多是不规则的,所以花青种数量众多就不足为奇了,花青种翡翠的质地透明—不透明,依据质地又可分为:糯地花青翡翠、冰地花青翡翠、豆地花青翡翠等,属翡翠中的中低档品种。

6. 瓜青种

瓜青种翡翠颜色呈瓜青色,中粗粒结构,半透明—微透明,属翡翠中的中低档品种。

7. 翠丝种

翠丝种(图2-41)颜色和质地都较佳,属中高档翡翠。此种翡翠韧性好,绿色呈丝状、筋条状平行排列在浅底上。在翠丝种中,绿色鲜艳,定向结构十分发育,硬玉晶体呈细纤维状拉长定向排列,表明是在生长过程中受到强应力的作用,所以玉件的韧性很高。

翠丝种为微细粒结构,透明至半透明,裂绺棉纹较少,以绿色鲜艳、条带粗、条带面积占总体面积比例大者为佳,而

图2-41 翠丝种

绿色浅,条带稀稀落落的玉件品质就低一些,价格也便宜得多。

8. 金丝种

金丝种是在浅底之中含有黄色、橙黄色,色形呈条状、丝状平行排列且定向结构发育明显的翡翠。除颜色与翠丝种不同外,其他特征与翠丝种相同。

9. 白底青种

白底青种(图2-42)是翡翠中分布较广泛的一种。白底青种水分不足,透明度较差,为不透明或微透明。白底青种的绿色是较鲜艳的,因为底色较白更显绿白分明,绿色部分大多数是团块状分布在白色的底子上,这几方面都是和花青种不同的。

该品种多为中档翡翠,少数绿白分明、绿色艳丽且色形好、色底非常协调的,可归高档品种。

10. 油青种

油青种(图2-43)是市场中随处可见的中低档翡翠。油青种的绿色明显不

图 2-42　白底青　　　　　　　图 2-43　油青种

纯,含有灰色、蓝色的成分,因此较为沉闷,不够鲜艳。但是水头较足,透明度较好,细粒结构,往往看不见颗粒间的界限。其通透度和光泽看起来有油亮感,故得其名。

11. 干青种

干青种(图 2-44)翡翠主要的组成矿物为钠铬辉石。颜色浓绿悦目,色纯正不邪,细至粗粒结构,透明度差,质地很干。

12. 飘兰(绿)花

飘兰(绿)花种(图 2-45)翡翠底色为无色或白色,内有蓝色或绿色絮状、脉状物,质地细腻,透明度较高,多呈亚透明至半透明。

若为冰地,则称为"冰种飘兰花"或"冰种飘绿花"。

图 2-44　干青种　　　　　　　图 2-45　飘兰花

13. 铁龙生

铁龙生取自缅甸语的语音,缅语"铁龙生"之意为满绿色。我国香港地区的一位翡翠专家将其音译为"天龙生",使之顿生高贵可爱之意,因此,铁龙生在有的地方也称"天龙生"。

铁龙生具有鲜艳绿色,但色调深浅不一,透明度差,结构疏松,柱状晶体呈一定方向排列,多为中档翡翠,在市场中经常可以看到。

由于质地粗糙、透明度差,铁龙生的价格在市场中不高;又因为颜色好,绿得鲜艳,所以深受消费者欢迎。因为"铁龙生"绿得浓郁,其薄片可以较大程度地展现其颜色,并且增加其透明度,所以将铁龙生做成薄叶片、薄蝴蝶等挂件,效果较好且具有很高的观赏和使用价值,如用铂金或黄金镶嵌的薄形胸花、吊坠等铁龙生饰品,金玉相衬,富丽大方,很受人喜爱。

14. 马牙种

马牙种翡翠以绿色为主体颜色,其中夹杂着较细的白丝,中细粒结构,不透明,表面光泽如同瓷器一般。

15. 乌鸡骨种

乌鸡骨种的墨绿色近于黑色的外观,有黑色金属光泽的小团块。

16. 雷劈种

雷劈种总体为满绿色,有白色的斑点,其特点是具有大规模的不规则裂纹,价值不高。

17. 紫罗兰种

紫罗兰种(图 2-46)翡翠是一种颜色像紫罗兰花的紫色翡翠,珠宝界又将紫罗兰色称为"椿"或"春色"。

具有春色的翡翠有高、中、低 3 个档次,并非只要是紫罗兰翡翠,就一定值钱,一定是上品,还须结合质地、透明度、工艺制作水平等质量指标进行综合评价。翡翠上的紫色一般不深,翡翠界根据紫色色调深浅的不同,将翡翠中的紫划分为粉紫、茄紫和蓝紫,粉紫通常质地较细,透明度较好,茄紫次之,蓝紫再次之。

紫色翡翠在黄光下观察,会显得紫色较实际深,所以应在自然光下观看为好,消费者对此应予注意。对于这一品种的评价,以透明度好、结构细腻无瑕、粉紫均匀者为佳。若紫色为底,其上带有绿色,很高雅,应为上品。

18. 红翡

红翡(图 2-47)是指颜色鲜红或橙红色的翡翠,此种红色属于一种次生色,硬玉晶体生成后才形成的,系赤铁矿浸染所致。

红翡常为中档或中低档翡翠,但也有高档的红翡色泽明丽,质地细腻,非常漂

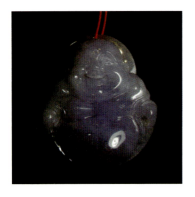  

图 2-46 紫罗兰　　　图 2-47 红翡　　　图 2-48 黄翡

亮,是受人们喜爱的、具有吉庆色彩的翡翠中的精品。

19. 黄翡

黄翡(图 2-48)一般呈黄到棕黄或褐黄色,其颜色也属于一种次生色,常常分布于红色层之上,是由褐铁矿浸染所致。

在市场中,红翡的价值高于黄翡,黄翡则高于棕黄翡,褐黄翡的价格又次之。但也有因人的喜爱及饰品别具特色而使其价格有别于常规的情况。

第四节　翡翠的优化处理及鉴别

根据 GB/T6552—2003《珠宝玉石名称》,优化处理是指除了切磨抛光以外的任何施加于宝石的加工,目的是为了改善宝石的颜色、净度、亮度、光学效果、耐久性和质量等,使得经过优化处理的宝石的商业价值得到提高。优化处理又可分成优化和处理两类。

优化是指改善了宝石的颜色、净度和亮度,没有外来物质加入到宝石中,没有明显地改变宝石的安全性的工艺。属于优化的处理类型不多,包括热处理,珍珠和其他有机宝石的漂白,玉石的上蜡处理,祖母绿的浸无色油处理和玛瑙的染色处理。对经过优化的珠宝玉石定名,直接使用珠宝玉石名称,在珠宝玉石鉴定证书中可不附注说明。

处理是指由于宝石中一些外来物质的加入,改善了宝石的颜色、净度、亮度、光学效果、耐久性和增加宝石的质量等。经过这种处理的宝石通常耐久性不好,不稳定,有些甚至会产生放射性。比如钻石的辐照改色处理,翡翠的酸洗充胶处理。对于处理的珠宝玉石,应在所对应珠宝玉石名称后加括号注明"处理"二字或注明处理方法,如蓝宝石(处理)、蓝宝石(扩散)、翡翠(处理)、翡翠(漂白、充填);也可在所对应珠宝玉石名称前描述具体处理方法,如扩散蓝宝石,漂白、充填翡翠,并且在珠宝玉石鉴定证书中必须描述具体处理方法。

在目前的鉴定技术条件下,如不能确定是否经过处理时,在珠宝玉石名称中可不予表示,但必须加以附注说明且采用下列描述方式,如:"未能确定是否经过×××处理"或"可能经过×××处理",或"托帕石,备注:未能确定是否经过辐照处理",或"托帕石,备注:可能经过辐照处理"。

A 货翡翠是指天然产出的,未经人为利用物理或化学方法破坏其内部结构或有物质带入带出的翡翠。翡翠的优化处理是指对 A 货翡翠通过物理或化学的方法使其结构、颜色或透明度等天然性质发生改变的过程。本节详细介绍翡翠的焗色、酸洗充填、染色、浸蜡、镀膜、拼合、再造等优化处理方法及其鉴别特征。

一、翡翠的优化处理

翡翠的优化处理分为优化和处理两大类。

(一)翡翠的优化

翡翠的优化是传统的、被人们广泛接受和认可的,是使翡翠潜在的美显示出来的制作方法。过去的国家标准(2009 年 10 月 1 日以前的标准)中规定,对翡翠制品进行弱酸弱碱漂白和漂白后浸蜡均属于优化的手法,但是在 2010 年新版国家标准中规定,仅对翡翠进行热处理,使翡翠产生红色、黄色的方法才称为优化,优化后的翡翠在标识中不必标明,可视为 A 货翡翠。

(二)翡翠的处理

翡翠的处理是指非传统的、尚不被人们接受的、能增添翡翠美感的方法,常见的处理方法有漂白浸蜡、漂白充填、染色等。

漂白主要是针对表面或浅层有较少杂质,水头不足,但颜色好的中档翡翠成品或原料而进行的处理。其工艺过程是用酸浸泡翡翠饰品(时间较短),溶解沉淀在裂隙或颗粒间隙中的杂质,使翡翠除去脏点,增加透明度,保留绿色,并使绿色更明艳,漂白是浸蜡与充填处理都必须经过的工序。

二、翡翠的"焗色"及鉴别

翡翠的"焗色"其实就是一种加热改色的方法。加热改色是指天然翡翠在加热的条件下,使其原有的黄色、棕色、褐色等转变成较为鲜艳的红色。在 2009 年新版的国家标准中,仅将此法定为翡翠的优化,这种方法在标识中不必标明,可视为 A 货翡翠。

(一)焗色翡翠的原理

黄色、黄棕色、褐色的翡翠的颜色主要是由于充填于颗粒间隙或者微裂隙中的次生的含水氧化物褐铁矿($Fe_2O_3 \cdot nH_2O$)造成的,在加热的条件下这些褐铁矿易发生失水反应,形成红色的赤铁矿。

天然的红色翡翠也是由褐铁矿脱水变成赤铁矿而导致的颜色,与焗色的形成过程一致,只不过这一过程是在自然条件下发生的,所需时间长于焗色。

(二)焗色翡翠的加工过程

焗色翡翠的加工过程包括选料及清洗、加热改色、固化颜色3个环节。

1. 选料及清洗

选料及清洗是指选用含铁元素的黄色、棕色或是褐色的翡翠,用洗涤剂将其清洗干净。

2. 加热改色

加热改色是指将翡翠置炉中慢慢加热,并仔细观察翡翠颜色的变化情况。经过一段时间的加温后,翡翠的颜色慢慢发生改变,当其变为猪肝色后,便开始降低炉中温度,这样,冷却后的翡翠就显出红色。

3. 固化颜色

固化颜色是指为了使翡翠的红色更鲜艳,可将翡翠浸泡在漂白水中数小时,使致色物质更充分地氧化而呈现红色。

(三)焗色翡翠的鉴别

因为天然红色翡翠和焗色红色翡翠形成的过程基本一致,所以区分两者难度较大,常规方式很难鉴别,可从以下方面鉴别。

1. 透明度

一般说来,天然的红色翡翠的透明度好于焗色翡翠。

2. 色形

天然红色翡翠由于赤铁矿是平行定向排列的,致使其色根有平行排列的现象;而焗色红翡的色根很杂乱,不定向。

3. 红外吸收光谱

通过比较两者的红外吸收光谱发现存在一定的差异。天然翡翠在红外光谱中$1\,500 \sim 1\,700\,cm^{-1}$、$3\,500 \sim 3\,700\,cm^{-1}$附近表现出较强的吸收区,为翡翠中的结构水和吸附水的红外吸收区;而焗色的翡翠由于经过了一个加热的过程,导致翡翠中的水分发生了改变,所以焗色翡翠在$1\,500 \sim 1\,700\,cm^{-1}$、$3\,500 \sim 3\,700\,cm^{-1}$附近没有强的吸收区。

三、翡翠的酸洗充填处理及其鉴别

翡翠的酸洗充填处理是指原本种水、颜色较差的翡翠经过强酸、强碱浸泡,使其种水、颜色得以改善,与此同时,翡翠的原始岩石结构也遭到了破坏。为掩盖被破坏的结构,增大翡翠的强度,在酸洗过后,经常用有机胶、无机胶或蜡对其进行充填处理。这类翡翠称为 B 货翡翠(图 2-49、图 2-50)。

图 2-49 B 货翡翠饰品

图 2-50 B 货翡翠手镯

(一)B 货翡翠的加工目的

由于翡翠是一种不可再生的资源,产于缅甸北部的翡翠资源已经在加速减少,高档翡翠更是凤毛麟角,为了迎合消费者的喜爱,人们想办法对一些颜色尚佳、结构较差的翡翠进行酸洗充胶或注蜡处理,就成了我们今天所谓的 B 货翡翠。

将翡翠料加工成 B 货翡翠的目的主要是去脏、增透和盖隙。翡翠内部常含有一些不利于绿色的黄色或黑色杂质,这样各色各样的杂质会在一定程度上影响翡翠的品质而大大降低其商业价值,并且大多数消费者很难接受。去脏就是利用化学方法除去翡翠裂隙和晶粒间不利于绿色的黄色和黑色杂质。增透和盖隙是指利用注入裂隙或晶隙中的充填物提高透明度、掩盖裂隙。

(二)B 货翡翠的加工过程

从工艺流程上看,制作 B 货翡翠首先必须选择适合加工的原料,然后再经过切割、酸洗漂白、酸洗增隙、清洗烘干、真空注胶和固结几个步骤,其主要工序的工艺要点如下。

1. 选料

适用于制作 B 货翡翠的原料应该是结构较为松散,晶粒较为粗大,质地较为低劣,基底泛黄、灰、褐等脏色调的低档翡翠品种。如八三玉,基底明显带有黄褐色、黑灰色,并严重影响翡翠绿色的表现,质地粗劣不透明的八三种翡翠是较佳的制作B货翡翠的原料。

若质地细腻,透明度好,基底无明显脏色,含有黑癣等内含物的翡翠一般不作为B货翡翠的原料。这是由于翡翠中的黑癣等内含物一般是角闪石类矿物,这类矿物抗酸碱能力较好,强酸强碱溶液较难洗去这些杂质,而且这类翡翠由于具有较好的颜色和质地,不经过处理的价值相对更高。

2. 切割

切割又称为"开片"。为了使后期的处理更加充分和快捷,要将大块的原料根据需要切割成一定厚度的玉片或玉环,片的厚度最厚一般不宜厚过镯子的厚度,过厚溶液较难浸透,增加处理成本。

3. 酸洗漂白

酸洗漂白是制作B货翡翠中的一个重要环节。选择各种强酸溶液(如盐酸、硝酸、硫酸、磷酸等)浸泡切割好的玉料,一般要浸泡2~3周,为了加快漂白速度,在浸泡的过程中还需要经常进行加热处理,加热以不超过溶液的沸点为准。

酸洗漂白虽然可以部分去除翡翠较脏的底色,但也会使其结构变得疏松。由于所选材料的结构和松散度不同,要根据原料选择不同强度的酸溶液进行浸泡,浸泡时间和加热时间也要有所变化。若原料的结构致密,脏色较多,则需要选择较强浓度的酸溶液,并增加浸泡和加热时间;若原料的结构较为松散,脏色较少,则可选择浓度较低的酸溶液,并适当地减短浸泡时间。在酸洗漂白后要进行清洗干燥处理,以除去多余的酸和杂质。

4. 碱洗增隙

经酸洗后的翡翠原料,虽然除去了氧化物类杂质,但是孔隙度还是不够大,不利于后期的充填处理,因此通常在酸洗过后,要再用碱水溶液(NaOH溶液)加温浸泡,碱水对硅酸盐会起到腐蚀作用,从而可以达到增大孔隙的目的。

5. 充填处理

充填处理是对经过严重酸洗漂白的翡翠进行固结处理的环节。在经过酸洗漂白和碱洗增隙以后,翡翠的裂隙和孔隙都会增加,透明度也会下降,致使密度和抗机械力的能力下降,因此必须用有机或无机聚合物充填裂隙或孔隙使其固结,从而增加强度和透明度。通常在充胶处理过程中,会将酸洗碱洗后的原料放在密封的容器中抽真空,达到设定的真空度后,在容器中灌注足够的聚合物使翡翠原料完全浸入聚合物中,然后增加压力,使聚合物把翡翠中产生的空隙填满,达到增强翡翠的耐久性和透明度的目的。

6. 固结

在充填处理之后,即刻用锡纸包住翡翠放入烤箱烘烤,一方面能排出多余的充填物,另一方面使充填物达到一个固化的状态。

7. 打磨抛光

固结完成后,用工具刮掉翡翠表面残留的充填物,然后进行打磨抛光。

(三)B货翡翠的鉴别

1. 常规仪器检测

1)颜色

B货翡翠由于经过酸洗,地子通常比较干净,而A货翡翠,内部通常含有褐铁矿、绿泥石等自色矿物包裹体,使得翡翠容易见到淡淡的黄色调或其他颜色。

除此之外,B货翡翠的绿色部分与A货翡翠也存在着一定的差异。A货翡翠的绿色色根清晰,颜色有过渡,而B货翡翠的绿色显得零乱,无色根。

2)光泽

由于B货翡翠经过了一系列化学药品的腐蚀,表面的光泽一般呈现蜡状或树脂光泽,而天然翡翠的光泽一般为玻璃光泽。

3)结构特征

天然翡翠的颗粒边界清晰,而经过酸洗充填的翡翠边界则不明显。

4)内含物

(1)酸蚀网纹。B货翡翠由于受到了强酸强碱的腐蚀作用,使得组成翡翠的结构十分疏松,颗粒与颗粒之间不连续,形成交错的纹路,称之为"酸蚀网纹"。

(2)充胶裂隙。酸洗或碱洗翡翠后,通常会促使翡翠形成较多发育的裂隙,在固结充填的过程中,胶会被填满这些裂隙。通过放大镜观察其表面时,可以看到裂隙边界常呈斑块状。

(3)充胶的溶蚀坑。溶蚀坑(图2-51)也是翡翠B货的典型特征,这是由于翡翠中含有某些局部富集的易受酸碱腐蚀的矿物,如铬铁矿、云母、钠长石等,在处理过程中被溶蚀形成较大的边缘钝蚀的空洞,每个空洞最少是一个晶体,经常是好多个晶粒合成在一起,中间还有酸蚀角砾或砂眼,空洞中可充填大量的树脂胶,呈现油脂光泽,甚至还可看到胶中封闭的气泡。而A货翡翠的表面光洁如镜,常见微波纹结构,就是有些小的砂眼、坑点也是在矿物的晶体相接处以三角形或多边长条状出现,其特征是孔隙边缘平直,孔隙单独均匀分布并且不连通。

5)折射率

由于充填物的影响,B货翡翠的折射率一般都略低于天然翡翠,点测值小于1.65。

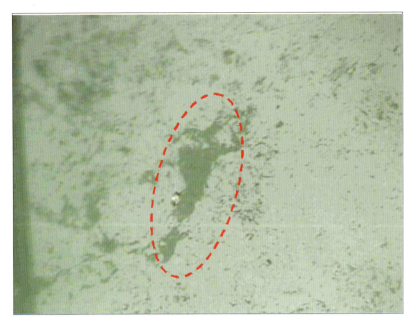

图 2-51　充胶的溶蚀坑

6) 相对密度

B 货翡翠相对密度变小,一般小于 3.30,在 3.30 比重液(二碘甲烷)中大都上浮,但是不能作为一种决定性的鉴定特征,这是因为有些天然翡翠,由于含有较多相对密度较小的矿物,像绿辉石、钠长石等,也会导致其相对密度小于 3.30。除此之外,还有少量结构非常致密的翡翠,若经过轻度酸洗处理,充填物质不多,其相对密度会与天然翡翠相似,在 3.30 的比重液中会出现下沉或悬浮。

7) 荧光性

B 货翡翠在长波紫外光照射下,往往具有弱至强的蓝白色或黄绿色荧光,荧光的强弱与充填物的种类有关,并且这种荧光分布不均匀、不连续。但是,有些 B 货翡翠没有荧光性,这多数是一些颜色较深的绿色 B 货,因为它们含有较多的铁离子,而铁离子的存在可以抑制聚合物的荧光性,也可能是由于充填物本身不具有荧光性,如铅玻璃。

而天然翡翠很少出现紫外荧光,只有部分白色的翡翠在长波紫外灯下发出橘黄色的弱荧光,而且这种荧光一般是局部分布的,不像 B 货翡翠的荧光出现得不连续。

8) 敲击反应

对翡翠的鉴别,古有明训六字诀:色、透、匀、形、敲、照,为玉器行业常挂在嘴边的座右铭,其中"敲"在鉴别 B 货翡翠时就能派上用场,特别是手镯的鉴别。若是天然未经处理的 A 货翡翠则发出清脆悦耳的敲击声,而 B 货翡翠的敲击声则沉闷,其理论基础是翡翠结构内的胶料或断裂阻断声波,而未处理者声波振动无阻。

运用这一测试方法的时候最好把玉件用细线吊起,用另一块实心的玉件轻轻敲击。而天然翡翠如果有较多的裂隙,或者结构疏松,也会出现如同 B 货翡翠沉闷的敲击声。

9)红外光谱分析

红外光谱是指物质在红外光照射下,引起分子的振动能级和转动能级的跃迁而产生的光谱。样品在红外光照射下,矿物中的元素、配位基和络阴离子团等能产生特征的振动能级和转动能级的跃迁,在该能级发生跃迁时,便吸收一定波长的电磁辐射,产生自己的特征吸收光谱。

(1)天然翡翠的红外光谱特征。利用红外线透射法测试出天然翡翠在 $400\sim4\,000cm^{-1}$ 之间的红外吸收光谱(图 2-52),其特点是 $400\sim2\,200cm^{-1}$ 的红外光被样品完全吸收,在 $3\,500cm^{-1}$ 附近有一强吸收峰,在 $2\,200\sim3\,000cm^{-1}$ 有一中心位于 $2\,600cm^{-1}$ 的宽透过峰。

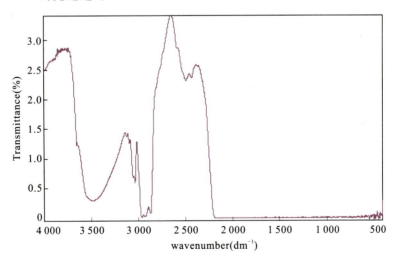

图 2-52 天然翡翠的吸收光谱

(2)B 货翡翠的红外吸收光谱特征。B 货翡翠在 $2\,800\sim3\,200cm^{-1}$ 波段内存在吸收峰,通常位于 $2\,880cm^{-1}$、$2\,925cm^{-1}$、$2\,970cm^{-1}$、$3\,040cm^{-1}$ 和 $3\,060cm^{-1}$ 附近(图 2-53)。因此,在用红外光谱仪区分 A 货翡翠与 B 货翡翠时(图 2-54),若图谱中出现 $3\,040cm^{-1}$ 和 $3\,060cm^{-1}$ 的吸收峰,则可以怀疑其经过人工处理。

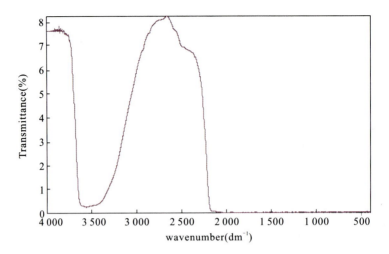

图 2-53　B 货翡翠的吸收光谱

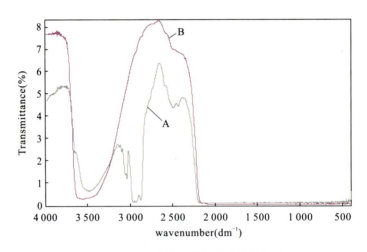

图 2-54　A、B 货翡翠的吸收光谱比较

四、翡翠的染色处理及鉴别

翡翠的染色处理是指无色或浅色的翡翠经过人工染色后的品种,常染成绿色、红色、黄色或紫色等,染色的手段也有多种,既有破坏结构的染色,也有不破坏结构的染色,但染料都只存在于翡翠的裂隙之间或颗粒之间。这种翡翠称为 C 货翡翠(图 2-55)。

图 2-55　C 货翡翠

(一)C 货翡翠的制作方法

制作 C 货翡翠的方法五花八门,目前主要有高温染色法、辐射改色法、激光染色法等。

1. 高温染色法

早期的高温染色工艺非常简单。即将要染色的翡翠制品放在酒精灯上加热到一定的温度,再将染料涂在受热的部位,翡翠因骤热骤冷产生微细的裂纹,这时染料就沿裂纹浸入,像这样反复地加热和涂染料,直到翡翠染上满意的颜色,所以又将染色称为"炝色"。

现今染色技术较为发达,制作 C 货翡翠前先要进行选料,并非所有的翡翠都适用于进行高温染色处理,结构过于致密的翡翠,由于孔隙度低,不适于染色处理。高温染色的步骤为:一般要挑选中粗粒结构,有一定孔隙度的翡翠作为原料,并将这些原料切磨成成品翡翠,用稀酸洗净表面,再放入烤箱式炉子中烘干加热,这样可以较高效地扩张翡翠的孔隙度;然后把翡翠浸泡到准备好的染料溶液中,加热烧煮以加快染料溶液浸入翡翠的速度,翡翠在染料中浸泡一段时间,再经过烘干,可使染料在形成的孔隙中沉淀,使翡翠产生颜色;最后再打蜡,提升翡翠的光泽。

2. 辐照改色法

辐照改色法是用高能量射线或高速粒子为辐射源,轰击中低档翡翠,使其颜色变绿或变紫。这种方法需要一定的实验设备条件,改色后的样品也较难鉴定。

辐照改色的翡翠,在镜下或灯下观察可发现翡翠的绿色围绕在表面,呈环带状或斑块状分布,辐照集中的部位色调深一些,其他部分则色调浅一些。这种翡翠在查尔斯滤色镜下变为紫红色,加盐酸或用火烤可使其褪色。用这类方法处理过的翡翠,初看翠绿动人,透明度好,但翠里透蓝,玉件的表面有被轰击的痕迹,轰击处与未被轰击处比较,前者表面比后者表面色深。

3. 激光染色法

激光染色法是一种较新的染色方法。其处理方法是在翡翠戒面、挂件等饰品的不引人注目的地方(如在戒面的背面)打微孔,将有色剂注入,再用树脂把微孔口封住。

这样的处理从翡翠的外观观察,颜色很好且有一定深度,似乎"有色根",由于激光孔很小,肉眼和 10 倍放大镜不易察觉。只有加大放大倍数,经过认真的观察,才能被识破。

(一)翡翠 C 货的鉴别

1. 染绿色翡翠的鉴别

1)颜色

染绿色翡翠的色调常常偏黄,均匀,且易于褪色。褪色后的翡翠呈黄绿色,与天然翡翠的颜色差别很大。

2)色形

C 货翡翠的绿色呈丝状,构成树根状和丝瓜瓤状的色形。而天然翡翠的色形特点是脉状、细脉状,即"色根"。

3)吸收光谱

天然翡翠的绿色是由铬元素造成,铬元素对可见光有特征的吸收线;但是,染色翡翠的绿色是由于染料造成的,所以其形成的吸收光谱与染料有较大的关系。

在分光镜下,大多数染绿色的翡翠在红光区(650nm)左右都会出现一条宽而模糊的吸收带,通过这点可以与天然绿色翡翠红光区 3 条阶梯状的吸收窄带相区分。

综上,若是绿色翡翠看不到红光区 3 条阶梯状的吸收线,其颜色都不可能是天然的。

4)滤色镜

早期的 C 货翡翠在滤色镜下会出现橙红色调,但是后期由于工艺的改进,染料的种类增多,有些 C 货翡翠在滤色镜下也不变色。

所以,在滤色镜下变红的绿色翡翠一定是经过染色处理的,但是染色处理的绿色翡翠在滤色镜下不一定变红色。

5)紫外荧光

大多数 C 货翡翠与天然翡翠的荧光类似,但是蜡的存在可引起弱黄白色荧光,有些还会发出很强的荧光。

6）阴极发光

天然翡翠在阴极发光仪下主要呈蓝绿、黄绿色，生长环带较少见，环带的完整程度和闭合程度较低。C货翡翠由于充填的染料不同，阴极发光仪下荧光颜色和强度不固定，可不发光或发蓝白色和暗绿色的荧光。

2．染紫色翡翠的鉴别

1）颜色

天然紫色翡翠颜色往往成片分布，颜色由浅紫或淡紫色的硬玉颗粒集合而成，呈脉状分布。染紫色的翡翠可有各种色调的紫色，颜色不自然。

2）色形

天然紫色翡翠呈脉状、小斑块状的色形特征。染紫色翡翠的颜色浓集在裂隙中，构成丝瓜瓤状、树根状色形。在染紫色比较浅的情况下，丝瓜瓤状较难见。

3）紫外荧光

天然的紫色翡翠一般没有荧光，有时会出现由蜡引起的蓝白色荧光。但是，染紫色翡翠一般会出现较弱的粉红色荧光，不易分辨，仅作为辅助性的证据。

4）阴极发光

天然紫色翡翠在阴极发光仪下发出鲜艳的橙红色—紫红色荧光。由无色、白色等颜色的翡翠染成紫色的品种在阴极发光仪下呈现暗紫色、黄绿色的荧光。

3．染深绿色翡翠的鉴别

近些年来市场出现故意把一些浅绿色翡翠染得很深，甚至夹带有黑色色带来模仿所谓的"铁龙生"种。由于染的颜色较深，色形特征往往不易看出。我们可以从以下几点来识别。

1）黑色色带的变化

用手电筒照黑色色带部分，手电的光斑越接近黑带，黑带就越小，甚至消失。这种黑带实际上是绿色染料过于集中造成的。天然翡翠不具有这种颜色特征。

2）黑色色带边界模糊

染色翡翠的黑色色带的边界模糊。天然翡翠中的黑色通常是角闪石造成的，具有清晰的边界。

4．染灰绿色翡翠的鉴别

染灰绿色翡翠是最近几年才出现的，其色形具有如下特征。

1）底色

染灰绿色的翡翠一般都经过了酸洗漂白的过程，所以底色很白。而天然的灰绿色翡翠一般都是油青种，属于次生色成因，底色具有明显的黄色调。

2)色形

染灰绿色翡翠具有丝瓜瓤状的色形特征,而天然的油青种翡翠往往呈树根状色形。

3)色带边界

模仿飘兰花种的染灰绿色的翡翠灰绿色的色带边界模糊,与天然翡翠的飘兰花种差异较大。

5. 染红色翡翠的鉴别

红色是一种次生色,因此对于染红色翡翠的识别是所有染色翡翠中最困难的一种。其鉴别特征如下。

1)颜色色调

染褐红色或者褐黄色的翡翠颜色色调比较鲜艳,而天然的红翡常常带有褐调,颜色偏灰,不够鲜艳。

2)色形

染褐红色的翡翠往往具有丝瓜瓤状结构,而天然红翡的颜色常呈树根状的色形。

3)颜色分布特征

染色红翡往往染成褐红色(褐黄色)—无色的颜色分带,缺少天然红翡的红皮—牛血雾—新鲜玉石的颜色分带特征。

五、翡翠的酸洗充填染色处理及鉴别

翡翠的酸洗充填染色是指天然翡翠经过漂白、充填、染色处理后得到的翡翠。这种翡翠称为B+C翡翠(图2-56)。

图2-56 B+C翡翠

(一)B+C翡翠的制作过程

B+C翡翠是指将天然翡翠经过漂白、染色、充填处理后的翡翠。其制作步骤如下。

1. 选料

从B+C翡翠的处理过程以及经济效益方面考虑,能进行酸处理并能达到理想效果的翡翠原料有如下特征:表面上看,结构比较细致,半透明,可含有氧化条件下形成的铁或钙质杂质,但裂纹不能太多,薄片下观察为等粒或不等粒镶嵌结构。如对这类翡翠进行染色处理,则最好选用无色或稍有颜色的作为原料。

2. 酸洗碱洗

酸流碱洗是指用弱酸弱碱溶液对表面进行清理,再用强酸强碱溶液对其进行处理,且在酸处理过程中采用浸泡和加热交替进行的方式,泡酸的时间由具体的样品所决定,基本上以除去样品中的杂质为准。经过处理后样品的结构疏松,显微镜下观察,裂隙干净,粗大颗粒稍有破碎,然后可再用碱溶液对残留在样品中的酸进行中和,并洗净干燥。

3. 染色

染色是指把结构疏松的玉料根据需要局部或全部染上所需颜色。全部染色可将玉料浸泡到染料溶液中。局部染色可采用毛笔涂色的方法,在所需要的地方涂色,如可以在手镯上涂成色带,也可以涂上多种不同的颜色,还可以在浅绿色翡翠上加色使之更为明显。

4. 充填

充填是指在真空状态下,高压注入环氧树脂、各种胶等充填物。

5. 固化处理

固化处理的目的是在一定温度下,使充填物硬化。固化处理的步骤为:首先可以进行预聚处理,将充填处理后的样品在一定温度的水浴锅中进行加热,温度和时间主要取决于充填液的多少、引发剂的量,以液体变稠为准;然后再进行恒温处理,将预聚后的样品放入烘箱中,控制温度和时间,使样品完全固化。

(二)B+C翡翠的鉴别

B+C翡翠综合了B货和C货翡翠的鉴别特征,主要有如下几点。

1. 颜色

颜色过于鲜艳,不自然。

2. 底色

底色过于干净,不带任何脏色。

3. 放大检察

反射光下可见酸蚀网纹和溶蚀凹坑,透射光下可见微裂隙,染色的颜色沿裂隙及晶粒间隙呈网状分布,在裂隙交叉处颜色相对集中,颗粒自边缘至中心,颜色变化由深至浅。

4. 吸收光谱

B+C翡翠可显示与C货翡翠类似的吸收光谱。

5. 紫外荧光

在紫外荧光灯下,绿色的 B+C 翡翠的荧光反应为蓝绿到绿蓝;紫色 B+C 翡翠常呈蓝紫色荧光;红色 B+C 翡翠由于加入了含铁染色剂呈惰性反应,无荧光。

六、翡翠的浸蜡处理及鉴别

翡翠的浸蜡处理是指将翡翠成品放入蜡液中,通过加热、浸泡使蜡液渗入翡翠裂隙和颗粒缝隙中。浸蜡既弥合了翡翠原有缝隙,又增加了其透明度。在国家标准 GB/T16552—2010《珠宝玉石名称》中将这种方法归为处理。因为浸蜡较多的翡翠会随着时间的推移,蜡发生老化产生白花,导致翡翠的透明度下降,有时因为蜡的品质不好仅半年的时间就会发生这种变化。发生老化的浸蜡翡翠,可以再经炖蜡,使产生结晶的老化蜡重新熔融,即可消除因老化造成的不良影响。

浸蜡处理的翡翠可从以下几个方面进行鉴别。

1. 紫外荧光

浸蜡翡翠的紫外荧光较强,一般为中等强度的蓝白色荧光,甚至可以有较强的蓝白色荧光。

2. 红外吸收光谱

浸蜡翡翠在红外吸收谱带上显示 $2\,925\text{cm}^{-1}$ 波数的强吸收峰,接近零透过率,即接近底线。

七、翡翠的镀膜处理及鉴别

(一)镀膜翡翠

镀膜翡翠也称"穿衣翡翠"或"套色翡翠",是在无色或浅色、透明度和质地较好的翡翠表面上镀一层绿色的薄膜,来仿冒高档绿色的翡翠。

镀膜翡翠看上去很像高档翡翠饰品,具有很强的伪装性和欺骗性,消费者在购买高档的翡翠戒面、坠子时,一定要引起注意,认真识别。

(二)镀膜翡翠的鉴别

1. 颜色

绿色分布均匀且是满色,颜色呆板无变化,带有蓝色调,不具备天然翡翠呈斑状、条带状、细脉状、丝片状的颜色分布特点。

2. 表面特征

在放大镜下,观察镀膜翡翠的表面,可以看到有毛丝状的小划痕,是天然翡翠所没有的。

3. 内部特征

无颗粒感,表面镀膜内部可见流动状构造,镀膜上有砂眼或气泡。

4. 折射率

点测值为 1.56 左右(薄膜的折射率),比天然翡翠低得多。

5. 红外吸收光谱

镀膜翡翠具有与 B 货翡翠一样的吸收光谱。

6. 紫外荧光

荧光主要由表层镀膜引起,主要呈粉色、蓝色的强荧光,分布不太均匀。

7. 手摸

有的镀膜翡翠用手指细摸有涩感,不光滑,摩擦时镀膜层可能会黏手,而天然翡翠滑润。

8. 擦拭

用含酒精或二甲苯的棉球擦拭,镀膜层会使棉球染绿。

9. 水烫

用烫水或开水浸泡片刻,镀膜会因受热膨胀而出现皱纹或皱裂。

10. 热针法

热针接触镀膜翡翠表层,薄膜会变色变形而毁坏,有时可闻到烧焦味,而天然翡翠则没什么反应和变化。

八、翡翠的拼合处理及鉴别

(一)拼合处理的概念

在珠宝行业中,把两种或两种以上的宝石材料用人工方法拼合在一起而制成宝石成品的方法称为拼合处理。常见的有双层拼合宝石和三层拼合宝石(简称双层石和三层石)。上、下两层的称为双层石,如绿柱石—祖母绿双层石。三层则称为三层石,如欧泊常会出现双层石和三层石。

市场上也见翡翠拼合处理,迷惑性较强。

(二)拼合翡翠

拼合翡翠是指由两块或两块以上的翡翠或其他材料经人工拼合而成,给人以整块翡翠假象的翡翠。

拼合翡翠的制造方法很多,使用的原料也千变万化,一般有二层石和三层石两类。

1. 二层石

二层石有"假二层"和"真二层"两种。"假二层"石的上层采用无色翡翠,而底层则用绿色玻璃或染成绿色的薄片;"真二层"石的顶层和底层均采用颜色一致的翡翠黏结而成。

2. 三层石

常见3种翡翠三层石。一种是顶层为弧面型的浅色翡翠,将底部挖空形成内凹的弧面,再在内凹的弧面上涂上绿色的胶,然后再粘上一块相配的弧面型浅色翡翠做内核,最后用一块翡翠封底;另一种是顶层、底层均为无色或浅色的翡翠,中间层为绿色的玻璃或其他材质的薄片,三层粘合即成;其次还可将品质有差别的3种翡翠相黏结而成一块较大的翡翠,从而提高其销售价格。

3. 拼合翡翠的鉴别

拼合翡翠若采用封底包镶的方法则较难鉴别,对裸石可采用如下方法进行鉴别。

1) 颜色

若用绿色的胶或绿色薄片制作的拼合翡翠颜色鲜艳,饱和度高,在天然翡翠中若出现同品质的则价格不菲。并且在拼合翡翠中颜色出现明显的分层现象,这在天然翡翠中较少出现。

2) 放大观察

在拼合翡翠的腰棱部位可见粘合缝,并且拼合层上常见气泡。

3) 紫外吸收光谱

在天然翡翠中若出现此种品质,则必然会见到红光区3条阶梯状的吸收窄带;而在拼合翡翠中,有些能显示与C货翡翠相似的吸收光谱,即在红光区出现一条模糊的吸收宽带;即便无此吸收带出现,也未见阶梯状的吸收窄带。所以,若在颜色较绿色翡翠中未出现阶梯状的吸收窄带,则能断定其颜色不是天然的。

4) 红外吸收光谱

若是用有机胶处理的拼合翡翠,红外吸收光谱在 $3\,000\,\text{cm}^{-1}$ 左右会出现胶的吸收峰。

九、翡翠的再造处理及鉴别

(一) 再造翡翠

再造翡翠是将纯度很高的硬玉经机械破碎,再利用含铅玻璃胶结而成,属于翡翠的烧结品。

（二）再造翡翠的鉴别

再造翡翠的鉴别特征如下。

1. 矿物成分

再造翡翠主要是由硬玉和玻璃组成。

2. 化学成分

再造翡翠的化学成分接近于翡翠中"铁龙生"种的成分，不同的是成分中出现了 PbO 和 ZnO，PbO 的含量最高可达 7％左右。

3. 结构特征

放大观察，样品结构的碎裂特征及胶结结构明显，矿物除呈大小不等的碎屑状分布外，常可见大粒矿物顺解理裂开的现象。

4. 颜色

再造翡翠一般呈绿色—深绿色，远观均匀饱满，近观深色颗粒与无色胶结物交织特点清晰可见，没有色根。

5. 光泽

再造翡翠抛光通常较好，呈玻璃光泽。

6. 透明度

再造翡翠一般呈微透明，仅在边缘处或较薄的部位透明度较高。

7. 折射率

再造翡翠的折射率为 1.66～1.68（点测），较天然翡翠稍高。

8. 相对密度

再造翡翠的相对密度为 3.00，远小于天然翡翠。

9. 表面特征

抛光面上，光滑度较差，呈现因不同物质耐磨性的差异而形成近于圆形的小凹坑或低丘陵状起伏，但未见天然翡翠常见的橘皮效应。断面上，再造翡翠显示参差状断口，并在参差状断口中夹杂有贝壳状断口。

10. 内部特征

再造翡翠中样品的翠性仍可见，特别是在未抛光面上尤其明显。另外，可见再造翡翠内部出现光泽较高的硬玉碎屑和光泽较低的胶结物。在较高的放大倍数下还可见胶结物中的细小气泡。

十、合成翡翠及其鉴别

翡翠是以硬玉为主的多矿物集合体，在岩石学中常称为硬玉，是在一种高压低温的地质过程中形成的产物。不少学者模拟翡翠的生成环境来尝试合成翡翠,取得了一定成果。

(一)合成翡翠的历史

合成翡翠技术的研究始于20世纪60年代。1963年,贝尔(Bell)和罗茨勃姆(Roseboom)发现翡翠是一种低温高压矿物,必须在高压条件下才能合成,至此开始了真正意义上的合成翡翠研究工作。

20世纪80年代,美国的通用电气公司开始了合成翡翠的研究,1984年成功合成了翡翠。当时采用的方法是用粉末状钠、铝的化合物和二氧化硅加热至2 700℃高温熔融,然后将熔融体冷却,固结成一种玻璃状物体,再将其磨碎,置于制造合成钻石的高压炉中加热,在高压下加热结晶的产物就是合成翡翠。为了获得各种颜色的合成翡翠,可分别加入不同的致色离子:如加入少量的铬元素变成绿色,加入较多的铬元素就变成黑色,加入少量的锰元素就呈现紫色。国内在合成翡翠方面也进行过一些研究。20世纪80年代,我国吉林大学和中科院长春应用化学所、中科院贵阳地化所等单位也进行了合成翡翠的试验,但进程较缓慢。

(二)合成翡翠的过程

通过实验,美国的Bell和Roseboom得出形成硬玉的温度下限为400℃,压力为1.8×10^9 Pa,压力随着温度的升高而增大,并且压力越大,形成硬玉的温度区间也越大。这种方法是模拟天然翡翠的生成环境,称为高温超高压合成技术。

合成翡翠要进行如下两个步骤。

1. 非晶质翡翠玻璃料的制作

这一步骤是按翡翠矿物(硬玉)分子式中的各元素含量选用合适的化学试剂,并添加不同的致色离子,制成各种颜色的非晶质翡翠玻璃料。

有报道称可用如下方法制作非晶质翡翠玻璃料:称等重的硅酸钠和硅酸铝试剂,再按混合料总质量的百分含量要求称量含致色离子的试剂,混合后在磨钵中混匀磨细,再倒在坩埚中,盖上坩埚盖,放在马弗炉中加热到1 100℃,恒温几小时后冷却,即得到带色的翡翠成分非晶质玻璃料,这些玻璃料用X射线粉晶分析鉴定时没有谱线。

2. 晶质翡翠的合成

将玻璃质原料粉碎,进行预成型后,在六面顶压机上进行高温超高压晶体结构转换,即可得到由硬玉晶质体组成的合成翡翠。

有学者对这一过程进行研究,发现用以下方法可以成功合成晶质翡翠。将非晶质翡翠放入六面顶金刚石压机的压腔内,启动压机使六面顶的6个顶锤合拢;加压,升至所需的压力4.0~6.0GPa,再加电流升温至合成温度1 300~1 600℃,保持 25～60min；断电，进行高压淬火至环境温度，再释放压力，打开 6 个顶锤取出叶蜡石块；冷却后将叶蜡石块打碎，取出合成样品，用金刚石磨盘打磨后可见到合成样品的颜色，经琢磨、抛光后就是成品。

(三)合成翡翠的鉴别特征

1. 矿物成分

合成翡翠主要由定向性的硬玉矿物和玻璃质组成。

2. 化学成分

合成翡翠的化学成分相对较纯，基本接近硬玉的化学成分。以贫铁为特征，且钙、镁相对含量明显偏低。

3. 结构构造

合成翡翠主要为微晶结构，硬玉微晶局部呈平行定向排列或卷曲至微波状构造。

4. 颜色

多为绿色—黄绿色。

5. 透明度

一般呈半透明。

6. 光泽

一般呈玻璃光泽。

7. 折射率

点测法测得折射率为 1.66，与天然翡翠非常接近。

8. 相对密度

合成翡翠的相对密度为 3.31～3.37。

9. 紫外吸收光谱

合成绿色翡翠是由铬元素致色。手持式分光镜下，在红区可显示与天然绿色翡翠相似的紫外吸收光谱，见到 3 条阶梯状的吸收窄带。

10. 紫外荧光

合成翡翠在紫外灯下可见蓝白色弱荧光(LW)和灰绿色的中—强荧光(SW)。

11. 红外吸收光谱

合成翡翠晶格内存在微量的水分子，由其羟基伸缩振动致使一组红外吸收谱带出现在 $3\,373\,cm^{-1}$、$3\,470\,cm^{-1}$、$3\,614\,cm^{-1}$ 处，证实 GE 合成翡翠是在高温高压环境和水的参与下结晶而成。

12. 拉曼光谱

合成翡翠的链状硅氧骨干中，Si-O键主要以两种基本形式存在，即非桥氧(Si—Onb)和桥氧(Si—Ob)，由两者伸缩振动致使拉曼谱峰分别位于1 039cm^{-1}和700cm^{-1}处，这与天然翡翠差异不大。

综上可知，合成翡翠与天然翡翠在宝石矿物学特征上差异不大，唯有红外吸收光谱是其最有效的鉴别手段。翡翠的形成过程非常复杂，人工合成翡翠的研究进展也很缓慢，尤其是合成高档的翡翠。因此，合成翡翠的研究仍是宝石学中一个重要的课题。

第三章　翡翠与相似宝玉石品种及其鉴别

翡翠市场上常充斥着大量仿制品,如软玉、钠长石玉、蛇纹石玉、独山玉、葡萄石、玻璃等,这些宝玉石具有翡翠相似的外观,迷惑性较大,很多消费者上当受骗。如果总结经验,掌握科学的鉴别方法,我们可以很好地将它们与翡翠区分开来。

本章主要介绍中国四大名玉(软玉、蛇纹石玉、独山玉、绿松石)及钠长石玉、石英岩玉、葡萄石等翡翠相似宝玉石品种与翡翠的鉴别方法。

第一节　中国四大名玉

中国是世界上重要的天然玉石产出国和消费国,不仅开采、使用历史悠久,而且品类繁多,分布广阔,储量丰富。据《山海经》记载,中国的产玉地点就有200多处,一些著名的玉石矿区至今仍在开采。产自河南的独山玉,全世界只有中国产出;产自湖北的绿松石,是被人类用来制作饰品的最古老的玉石品种,目前中国是世界上最大的绿松石出产国;产自新疆的软玉(和田玉),在蒙学名篇《千字文》中就有"金生丽水,玉出昆岗"的记述,如今已成为中国玉料的代表;产自辽宁岫岩的蛇纹石类玉(岫玉)不仅开采历史悠久,同时也是世界上储量最大的蛇纹石类玉石矿。他们并称为"中国四大名玉"。

一、软玉

(一)概述

古往今来,软玉(和田玉)以其色泽光洁完美,质地坚韧细腻、温润含蓄,符合国人的审美观念而深得人们的喜爱。人们将"仁"、"智"、"礼"、"义"、"信"的道德理念及社会财富、权利等一系列社会元素赋予和田玉中。从7000年前的新石器时代开始,软玉制品作为日常用品、饰品、祭器、礼器甚至葬器,已经成为人们生活中不可缺少的部分。在浙江余姚发现河姆渡文化时便发现了软玉制成的玉块、玉珠、玉管等。

历代琳琅满目的软玉制品,是中华民族灿烂文化的重要组成部分,也是人类艺术史上的辉煌成就,被誉为东方艺术。诸如商代的圭、璋、璧、琮,西周代的玉佩、璧、环礼器,秦代的玉玺,汉代的金镂玉衣,唐代的玉莲花,宋代的玉观音,明代的璞玉等。

(二)软玉的产出

1. 新疆软玉矿床分布

新疆软玉(图3-1)分布在塔里木盆地南缘的昆仑山—阿尔金山一带,由叶城至且末,从西向东软玉矿脉点断断续续延绵分布一千余千米,其中以和田及喀拉喀什河、玉龙喀什河的软玉最著名,并以"和田玉"名称广为流传。

1)昆仑山地区软玉矿床分布

昆仑山的软玉矿床主要分布于塔什库尔干—叶城—皮山—和田—策勒和于田一带长达1 000多千米的山中和河流中。

塔什库尔干—叶城地区目前已知的原生矿床有大同、密尔岱、库浪那古等地,主要产出的软玉品种有青白玉、青玉以及少量的白玉。

皮山—和田地区是古代产玉最著名的地区,主要产于玉龙喀什河和喀拉喀什河。玉龙喀什河在古代又称为白玉河,以产白玉籽料著名;喀拉喀什河古时又称为墨玉河,以产墨玉河青玉籽料著名。目前,该地区以产白玉、青玉以及墨玉著名。

策勒—于田地区以原生矿最为著名,分布于策勒县哈奴约提和于田县阿拉玛斯、依格浪谷等地段。该地区,特别是于田县阿拉玛斯矿床以产白玉山料而著名,是白玉山料主要的产矿区。

图3-1 新疆籽料

2)阿尔金山地区软玉矿床分布

阿尔金山位于昆仑山的南段,是夹于塔里木盆地东南部和柴达木盆地西北部之间的山脉,该地区软玉主要分布于两处。

一处是且末地区,该地区软玉主要产于此。除河流中产出软玉外,原生矿也有塔什萨依、尤努斯萨依、塔它里克苏、布拉克萨依、哈达里克奇台5处原生矿山,其中塔它里克苏矿是目前新疆出产软玉的主要原生矿,主要产出青白玉和青玉,还可见白玉和糖玉。

另一处是若羌地区,分布于若羌县城的西部和西南部,从瓦石峡到库如克萨依一带。该地区是目前新疆黄玉的唯一产地。

3)玛纳斯碧玉矿床分布

该地区拥有原生矿和次生矿,原生矿属于透闪石矿床中的超镁铁岩型,次生矿产于河流中。该地区主要出产碧玉,以玛纳斯河产出的碧玉最著名,故称之为玛纳斯碧玉。

2. 青海软玉矿床分布

青海主要有3处软玉产地。

1)纳赤台

该矿区位于青藏公路沿线的高原丘陵地区。该矿区产出的原料以山料为主,主要产出白玉(图3-2)、青白玉、烟青玉(烟灰色中略带紫灰色调)、翠青玉(浅翠绿色)(图3-3)以及糖玉,其中烟青玉和翠青玉是青海软玉的独特品种。

2)大灶台

该矿区目前产出的原料以山料居多,主要产出青玉。

图3-2 青海白玉

图3-3 青海翠青玉

3)祁连山脉

该矿区主要出产青海碧玉。

3. 岫岩软玉的矿床分布

该地区原生矿床位于岫岩县细玉沟沟头的山顶上,呈不规则层状和透镜状产出,矿体与围岩的界线清楚。

岫岩软玉(图3-4)主要呈现黄绿色、黄白色、绿色、黑色和白色几类,其中黄绿色在新疆软玉中基本没有,而新疆的青玉在岫岩软玉中基本也未见。

图3-4 岫岩软玉

4. 世界其他地区的软玉矿床分布

1)澳大利亚

澳大利亚最重要的软玉矿床位于南澳大利亚的科威尔,该矿区产出的软玉呈暗绿至黑色,透明度较好,细粒结构。

2)俄罗斯

俄罗斯软玉主要来自于西伯利亚加贝尔湖地区,矿体呈透镜状、脉状赋存于辉长岩类的接触带中。该矿区产出的软玉呈绿色(图3-5)、黑色和白色(图3-6),是世界上少有的产出白色软玉的矿床。

3)新西兰

新西兰软玉大部分来自南岛的奥塔弋区、西部区和坎特伯里区的冲积矿床。

图3-5 俄罗斯碧玉　　　　　图3-6 俄罗斯黑玉、白玉

原生矿床沿南岛长轴方向展布,产于蛇纹岩与围岩的接触带中。

4)加拿大

加拿大的软玉矿床位于不列颠哥伦比亚省,矿体呈脉状、透镜状,产于安山岩和蛇纹岩的接触带中。产出软玉主要以绿色为主。

5)美国

美国软玉矿床分布在科迪勒拉山脉西部,矿体大多产于蛇纹岩和前寒武纪变质岩中。该矿区产出的软玉颜色主要是淡橄榄绿、淡蓝绿和暗绿色。

6)韩国

韩国软玉(图3-7)矿床分布于韩国半岛南部的春川,其底色以白色为主,普遍带有深浅不一的黄色调或淡淡的青白色调。

图3-7 韩国软玉

(三)软玉的宝石矿物学性质

1. 矿物组成

组成软玉的矿物主要是角闪石中的透闪石—阳起石类质同像系列的矿物,其主要矿物为透闪石,次要矿物有阳起石、透辉石、绿泥石、蛇纹石、白云石、石英等。

2. 化学组成

透闪石—铁阳起石类质同像系列的化学成分为 $Ca_2Mg_5[Si_4O_{11}]_2(OH)_2$—$Ca_2Fe_5[Si_4O_{11}]_2(OH)_2$,在多数情况下软玉是这两种端元组分的中间产物。

3. 晶系

单斜晶系。

4. 结构

软玉质地细腻润泽是由于其组成矿物颗粒细小,结构致密均匀。根据其矿物颗粒的大小、形态以及颗粒的结合方式,将软玉的结构分为毛毡状交织结构、显微叶片变晶结构、显微纤维变晶结构、显微纤维状隐晶质结构、显微片状隐晶质结构和显微放射状或扫帚状结构6种。

5. 解理和断口

软玉的主要组成矿物透闪石可见两组完全解理,而由透闪石组成的矿物集合体软玉未见解理,可见参差状断口。

6. 硬度

软玉的摩氏硬度为6.0~6.5,不同品种略微有些差异,同一产地的青玉硬度较白玉大。

7. 颜色

软玉的颜色由软玉组成矿物的颜色决定,有白色、灰绿色、绿—暗绿色、黄色、黑色等。当主要组成矿物为白色透闪石时则软玉呈现白色,随着Fe对透闪石分子中Mg的类质同像替代,软玉可呈深浅不同的绿色,Fe含量越高,绿色越深。主要由铁阳起石组成的软玉几乎呈黑绿色至黑色,当透闪石含微细石墨时则称为墨玉。

8. 光泽

软玉主要呈油脂光泽,也可见蜡状光泽、玻璃光泽。

9. 透明度

软玉呈半透明至不透明,多数为微透明,极少数为半透明。

10. 折射率

软玉的折射率为1.606~1.632(+0.009,-0.006),点测值为1.60~1.61。

11. 相对密度

软玉的相对密度为2.95(+0.15,-0.05)。

12. 吸收光谱

软玉极少见吸收线,可在500nm、498nm和460nm有模糊的吸收线或吸收带;在509nm有一条吸收线;某些软玉在689nm有双吸收线。

13. 内部特征

软玉内部常见黑色的固体包裹体。

(四)软玉的品种分类

1. 根据产出环境分类

按照产出环境的不同可以将软玉分为山料(图3-8)、籽料(图3-9)、山流水料(图3-10)和戈壁料(图3-11)4大类。

图3-8　山料

图3-9　籽料

图3-10　山流水料

图3-11　戈壁料

1）山料

山料也称"山玉"、"宝盖玉"，是指产于海拔较高的雪山上的原生玉矿。其特点是块度有大有小，呈明显的棱角状，质地粗糙，有颗粒感，不带皮色，油性差。

中国软玉山料主要产在昆仑山中，以青玉和白玉为主。高品质的山料主要分布在高海拔地区，空气稀薄、气温极低，开采还受季节限制，十分困难。

2）籽料

籽料又称"子玉"、"仔料"或"子料"，指由于地质构造作用、风化作用、搬运作用的影响，原生软玉矿体破裂解体，被水、冰川、风等外力搬运，在水的冲刷作用下形成，一般分布于河流中的砂砾矿床中。

籽料块度一般比较小，为卵石状，表面光滑圆润，带各种颜色的皮壳。皮壳厚薄不一，颜色可见白色、红褐色、黄褐色、黑色等，呈油脂光泽。籽料在形成过程中受到不断的撞击，常有裂纹且裂纹处有物质沉淀，因此有"十籽九裂"的说法。表面皮色在裂纹处浓集，向裂纹两侧逐渐过渡，色泽自然。另外，籽料表面常有类似"汗毛孔"的小凹坑，也可以作为鉴别籽料的一个特点。

3）山流水料

山流水料常称"山流水"，指经过自然风化、雨水冲刷、泥石流等作用后从山上自然剥落的玉料。山流水料一般开采于接近原矿的地点，块度较大，玉石棱角有少许磨圆，表面比较光滑，常见外部有较薄的皮壳。山流水料形成时间比山料久远，玉质比山料润滑、细腻，油性稍好。

4）戈壁料

从原生矿床自然剥离，经过风化搬运至戈壁滩上的软玉，一般距原生矿较远，呈次棱角状，磨圆度较差，块体较小，表面有风蚀痕迹，呈大小不同的圆凹坑，一般无皮壳，俗称"戈壁料"。

2. 根据颜色分类

颜色是评价软玉品质的重要因素，根据颜色不同可以将软玉分为以下几类。

1）白玉

白玉（图3-12）颜色以白色为主，可略泛灰、黄、青等杂色，形象描述为羊脂白、象牙白、梨花白、鱼肚白、糯米白、瓷白、鱼骨白，分别命名为羊脂白玉、象牙白玉、梨花白玉、鱼肚白玉、糯米白玉、瓷白玉、鱼骨白玉、鸡骨白玉。

白玉为软玉中的优质品种，品质最好的称为羊脂白玉。颜色呈羊脂白色，柔和均匀，质地致密细腻，少见裂纹、杂质、石棉等缺陷。

2）青玉

青玉（图3-13）颜色呈青至深青、灰青、黄青等，柔和均匀，有时可带少量糖色或黑色。青玉产量较大，常有大料产出。

图3-12 白玉

图3-13 青玉

3）青白玉

青白玉（图3-14）是颜色介于青玉和白玉之间的软玉，有时可带有少量糖色或黑色。

4）碧玉

碧玉（图3-15）颜色常呈绿、灰绿、暗绿、墨绿等绿色调，常分布不均匀，内部常见黑色点状矿物。

5）青花玉

青花软玉是指颜色分布不均匀，出现以白色、青白色、青色为基础色，中间夹杂黑色，黑色占20%～60%的品种，一般黑点分布不均匀，呈点状、叶片状、条带状或云朵状分布。

6）墨玉

墨玉（图3-16）的颜色以黑色为主，占总体颜色的60%以上，分布不均匀。黑色呈叶片状、条带状聚集，其中可夹杂少量的白或灰白色。

图3-14　青白玉　　　　　　图3-15　碧玉　　　　　　图3-16　墨玉

墨玉中的黑色主要是由于其中含有细微石墨鳞片所致，有些品种中还有细粒黄铁矿呈星点状分布，称为"金星墨玉"。

7）黄玉

黄玉（图3-17）的颜色常呈淡黄至深黄色等黄色调，略微带一点绿色，柔和均匀。黄玉主要产于新疆的若羌县，十分稀少，好的品质的黄玉价值不亚于羊脂白玉。

8）糖玉

当软玉暴露于地表或接近地表时，由于其内部遭受铁的氧化物浸染而出现一种类似红糖的颜色，俗称为"糖色"，糖色的软玉称为"糖玉"。糖色按颜色分有黄色、褐黄色、红色、褐红色等，一般成片出现或沿裂隙分布，糖色是次生色。

图 3-17 黄玉

图 3-18 糖玉

糖玉按照糖色占整件作品的比例,可分为如下几类:

（1）若糖色占到整件作品的 80% 以上,可直接称之为"糖玉"（图 3-18）；

（2）若糖色占到整件作品的 30%~80% 时,可称之为糖白玉、糖青白玉、糖青玉（图 3-19）等,具体以主体色的色调而定；

（3）若糖色部分占到整体样品的 30% 以下时,定名时可以不必体现。

图 3-19 糖青玉

(五)软玉与翡翠的鉴别

软玉不少品种与翡翠有较高相似度,比如白玉与白色翡翠、青玉与油青种翡翠、碧玉与绿色翡翠等,可以从以下几个方面进行鉴别。

1. 颜色

软玉的颜色相对于翡翠颜色分布来说较为均匀,绿色碧玉中有时可见呈四方形的黑色色斑。

2. 光泽

同品质的翡翠显示玻璃光泽,而软玉则显示油脂光泽。

3. 结构

软玉由于其组成矿物晶体非常细小,质地细腻,具有特征的毛毡状结构。

4. 物理性质

软玉的折射率为 1.606~1.632(+0.009,-0.006),点测值为 1.60~1.61,相对密度为 2.95(+0.15,-0.05),折射率与相对密度都比翡翠小。

5. 表面特征

软玉没有翡翠的"橘皮效应"特征。

6. 内部特征

翡翠内部可见"翠性",而软玉内部未见这种性质,并且其内部常含有黑色的固体包体。

7. 吸收光谱

多数绿色的软玉透明度较低,吸收光谱较难观察,若能观察到吸收光谱,常可见与翡翠有较大差异。

绿色翡翠常在红光区具有由铬元素引起的 3 条阶梯状的吸收窄带,而绿色的软玉则缺失这些吸收窄带;此外,在紫区的吸收谱带也具有一定的差异,翡翠出现蓝紫区 437nm 的吸收线,而软玉出现蓝绿区 502nm 的吸收线。

二、独山玉

(一)概述

独山玉为中国四大名玉(另外 3 种为和田玉、岫玉、绿松石)之一,因产自河南省南阳市北郊的"独山"而得名,又称"独玉"、"南阳玉"、"中华翡翠",是中国特有的玉种。

独山玉的开发和利用历史悠久,据南阳县黄山出土的文物"南阳玉玉铲"考证,应属新石器时代,距今约 6 000 年。由于独山玉矿的古代挖掘和现代开采,整个独山的山腹中矿洞纵横、蜿蜒起伏长达千余米,经南阳市政府和玉矿的共同建设,将已开采完的矿洞打造成旅游景点,名为"玉华洞"。

(二)独山玉的产出

独山玉因产于我国河南省南阳市的独山而得名,是我国特有的玉石品种。

独山玉矿体呈脉状、透镜状及不规则状,产出于蚀变辉长岩岩体中。围岩蚀变作用有透闪石—阳起石化、钠黝帘石化、蛇纹石化和绿泥石化,一般矿脉长 1~10m,宽 0.1~1m,个别宽 5m。

(三)独山玉的宝石学性质

1. 矿物成分

独山玉是一种黝帘石化的斜长岩,其矿物组成比较复杂,主要矿物成分有斜长石(钙长石)(20%~90%)和黝帘石(5%~70%),次要矿物主要有铬云母、透辉石、角闪石、黑云母和少量的楣石、金红石、绿帘石、阳起石、沸石、葡萄石、电气石、褐铁矿、绢云母等。

2. 化学成分

独山玉中的主要矿物钙长石的化学成分是$CaAl_2Si_2O_8$,黝帘石的化学成分为$Ca_2Al_3(SiO_4)_3(OH)$。也有资料显示对独山玉进行化学分析的结果是:二氧化硅41%~45%,三氧化二铝30.71%~34.14%,氧化镁0.28%~1.73%,氧化钾0.02%~2.64%,三氧化二铁0~0.8%,氧化亚铁0.27%~0.88%,氧化锰0.02%~0.1%,三氧化二铬0.01%~0.34%,结晶水0.23%~0.74%,二氧化碳0.06%~0.52%。

由于独山玉的矿物成分变化极大,其化学成分随矿物组成的变化而变化。

3. 结构构造

独山玉呈细粒状结构,集合体呈致密块状构造。

4. 解理

独山玉无解理。

5. 硬度

独山玉摩氏硬度为6~7。

6. 颜色

独山玉颜色种类比较丰富,可见白、蓝绿、绿、黄、黑、粉红等多种颜色。一块原料上常有几种颜色混杂,单一色调的原料及成品少见。

7. 光泽

独山玉呈玻璃光泽。

8. 透明度

独山玉呈半透明至不透明,多数为不透明。

9. 折射率

独山玉的折射率大小受其矿物组成的影响,点测法测得的折射率值变化于1.56~1.70之间。

10. 相对密度

独山玉的相对密度为2.70~3.09,一般为2.90。

11. 内部特征

放大观察,可见独山玉内部有蓝色、蓝绿色或紫色色斑。

(四)独山玉的品种

独山玉以色彩丰富、浓淡不一、颜色分布不均为显著特征,同一块玉石中常因不同的矿物组合而出现多种颜色并存的现象。以颜色为划分标准,独山玉可分为下列品种。

1. 白独玉

白独玉(图3-20)呈白色、乳白色,常为半透明至不透明,依据透明度和质地的不同又可分为透水白、油白、干白3个品种,其中以透水白品质最佳。

2. 红独玉

红独玉(图3-21)颜色主要是粉红色或芙蓉色,深浅不一,微透明至不透明,与白独玉呈过渡关系。此品种较少。

图3-20 白独玉(意境)

图3-21 红独玉(观音)

3. 绿独玉

绿独玉(图3-22)颜色呈绿色、灰绿色、蓝绿色,半透明,分布不均匀,多呈不规则带状、丝状或团块状分布。其中半透明的蓝绿色独玉为独山玉的最佳品种,在商业上被称为"天蓝玉"、"南阳翡翠"。

4. 黄独玉

黄独玉(图3-23)呈不同深度的黄色或褐黄色,半透明,常有白色或褐色团块与之呈过渡关系。

5. 紫独玉

紫独玉(图3-24)颜色呈淡紫或棕色,深浅不一。

6. 青独玉

青独玉(图3-25)为青色、灰青色、蓝青色,常表现为块状、带状不均匀分布,

图 3-22 绿独玉（桃园结义）

图 3-23 黄独玉（龙头章）

图 3-24 紫独玉（大盘鸡）

图 3-25 青独玉（生机盎然）

不透明。

7. 黑独玉

黑独玉颜色呈黑色、墨绿色，常为块状、团块状或点状不均匀分布，颗粒较粗大，不透明，与白独玉相伴而生。

8. 杂色独玉

杂色独玉（图 3-26、图 3-27）为独山玉中常见的品种，常为白、绿、蓝、紫等多种颜色条带并存，颜色浓淡不均，可进行俏色创作。

(五) 独山玉与翡翠的鉴别

绿色独山玉与绿色翡翠容易混淆，可以从以下几个方面区分。

图 3-26　杂色独玉（贵妃出浴）　　　图 3-27　杂色独玉（三国志）

1. 颜色

绿色独山玉常带蓝色调，并有片状的色斑。翡翠绿色较为纯正。

2. 折射率、硬度

独山玉折射率变化大，点测主要在 1.56～1.70 范围内，硬度 6～6.5；翡翠的折射率相对较高，点测 1.66，硬度为 6.5～7。

3. 透明度

独山玉常为半透明至不透明，同种品质的翡翠透明度较高。

4. 相对密度

独山玉的相对密度（2.73～3.18）比翡翠（3.32～3.34）小，手掂相对显得轻，翡翠则有沉重感。

5. 内部结构

独山玉为细粒结构或隐晶质结构，翡翠常为纤维交织结构，具有似"苍蝇翅或蚊子翅"的"闪光"。

6. 滤色镜

独山玉的绿色部分在滤色镜下呈暗红或橙红色，而绿色天然翡翠在滤色镜下无变化。

三、蛇纹石玉

(一)概述

蛇纹石玉是一种含水的镁硅酸盐,在自然界中广泛产出,常因产地不同而有许多名称。如新西兰产的蛇纹石玉称"鲍文玉",美国产的蛇纹石玉称"威廉玉"。

蛇纹石玉在中国有广泛产出,其中以辽宁省岫岩县所产的品质最好,称为岫玉。其他地方也有产出,如广东信宜产的称为"南方玉"或"信宜玉",甘肃酒泉产的称为"酒泉玉"或"祁连玉"。

蛇纹石玉是我国利用较早的玉石品种之一,是中国四大名玉之一,所制作的各种工艺品深受人们喜爱。

(二)蛇纹石玉的产出

蛇纹石玉的生成与热液交代有关,富含镁的岩石如超基性岩或白云岩经热液交代作用可以形成蛇纹石,在矽卡岩化作用的后期也可见蛇纹石的产生。

主要产地有中国、美国、新西兰、奥地利等。

(三)蛇纹石玉的宝石矿物学性质

1. 矿物组成

蛇纹石玉的主要矿物成分是蛇纹石,伴生矿物有白云石、菱镁矿、透闪石、滑石、绿泥石等,这些伴生矿物的含量变化很大,并对蛇纹石的品质有明显的影响。

以我国辽宁所产岫玉为例,其中纯蛇纹石玉的蛇纹石含量大于95%,次要矿物有白云石、菱镁矿、水镁石、绿泥石等共占5%;透闪石蛇纹石玉中蛇纹石含量大于70%,而次要矿物透闪石含量可达20%~30%,另有少量碳酸盐矿物等;绿泥石蛇纹石玉中蛇纹石含量大于65%,次要矿物绿泥石及少量碳酸盐矿物总含量达35%左右;蛇纹石透闪石玉中透闪石含量大于75%,次要矿物蛇纹石、透闪石约占25%。

2. 化学成分

含水的镁质硅酸盐矿物,化学式为$(Mg,Fe,Ni)_3Si_2O_5(OH)_4$,其中$Mg$可被$Mn$、$Al$、$Ni$、$Fe$等置换,有时还可有$Cu$、$Cr$的混入。

3. 结构构造

蛇纹石玉通常是均匀的致密块状,蛇纹石颗粒十分细小,仅在高倍显微镜下才可见到纤维状、细粒状形态。

4. 解理、断口

蛇纹石玉为矿物集合体,无解理,参差状断口。

5. 硬度

蛇纹石玉的硬度为 4.5～5.5，根据成分不同而有变化，透闪石含量增加，硬度可增大至 6。

6. 颜色

蛇纹石玉的颜色以青绿为主，深浅不同，可见白、黄、黄绿、褐红、灰绿、淡绿、黑及杂色。

7. 光泽

蛇纹石玉呈油脂至蜡状光泽。

8. 透明度

蛇纹石玉常呈半透明至不透明。

9. 折射率

蛇纹石玉的折射率点测在 1.56～1.57，视品种不同而有变化。

10. 相对密度

蛇纹石玉的相对密度为 2.44～2.82，变化范围较大。

11. 内部特征

蛇纹石玉内部可见白色呈点状、斑状、絮状分布的杂质及黑色矿物。

(四)蛇纹石玉的品种

1. 岫玉

岫玉(图 3-28)是产于辽宁省岫岩县的蛇纹石玉，是我国品质最好的蛇纹石玉品种。颜色多为带黄色调的浅绿色，还有白色、黑色、黄色、杂色等品种，内部可见不均匀的丝絮及似云朵状斑点。

2. 南方岫玉

南方岫玉也称"南方玉"或"信宜玉"，产于广东信宜县，常呈黄绿色、绿色，不透明，浓艳的黄色、绿色斑块组成美丽的花纹，适合雕刻大型摆件。

3. 酒泉岫玉

酒泉岫玉也称"祁连玉"或"酒泉玉"，主要产于甘肃酒泉、青海，河南淅川、西峡等地也有产出，是一种含黑色斑点和不规则黑色团块的暗绿色致密块状蛇纹岩。

4. 昆仑岫玉

昆仑岫玉也称"昆仑玉"，产于新疆昆仑山和阿尔金山，豆绿色，质地细腻，透明度较好。

5. 鲍文玉

鲍文玉又称"鲍温石"，主要产地为新西兰。鲍文玉主要成分为叶蛇纹石，含少

图 3-28　岫岩玉

量磁铁矿、滑石碎片和铬铁矿等斑点,呈苹果绿、淡黄绿色,半透明状,质地细腻。

6. 威廉玉

威廉玉产于美国宾夕法尼亚州,主要由含镍蛇纹石组成,常含有由铬铁矿细片构成的斑点,呈浓绿色,半透明,硬度为4,相对密度为2.60。

(五)蛇纹石玉与翡翠的鉴别

1. 颜色

大多数蛇纹石玉的绿色带有黄色调,呈黄绿色。

2. 结构

蛇纹石玉为隐晶质结构,在显微镜下也难看到结构。翡翠常为纤维交织结构。

3. 光泽

蛇纹石玉常呈蜡状光泽,翡翠大多呈玻璃光泽。

4. 折射率

蛇纹石玉的折射率为1.56～1.57,明显小于翡翠,翡翠常为1.66。

5. 相对密度

蛇纹石玉的相对密度为2.44～2.80,手掂会感到较轻。翡翠的相对密度为3.33左右,手感较重。

6. 内部特征

蛇纹石玉的内部常可见特征的白色云雾状的团块,黑色的铬铁矿、硫铁矿以及具有强金属光泽的硫化物。

四、绿松石

(一)概述

绿松石是我国四大名玉之一,中国古诗称其为"碧甸子"、"青琅玕"等,欧洲人称其为"土耳其玉"或"突厥玉"。章鸿钊先生在其名著《石雅》中解释说:"此(指绿松石)或形似松球,色近松绿,故以为名",是说绿松石因其天然产出常为结核状、球状,色如松树之绿,因而被称为"绿松石",可简称为"松石"。

绿松石受到许多国家消费者的宠爱,围绕这种神奇的宝石,流传着一些有趣的故事与传说。波斯人相信清晨第一眼看到绿松石能带来一天的好运气;埃及人用绿松石雕成爱神来护卫自己的宝石店;印第安人认为绿松石是大海和蓝天的精灵,会给远征的人带来吉祥和好运,是神力的象征,称之为成功幸运之石;我国西藏人认为绿松石是神的化身,具有不可抗拒的神力;土耳其人甚至确信绿松石念珠会挡住恶魔的眼睛。更为有趣的是,中世纪德国青年男女订婚时,男子都要送未婚妻一枚绿松石戒指,此后特别留心观察其颜色的变化。若绿松石由蓝变绿,就认为未婚妻失去了贞洁,婚约将被解除。为了不受骗,未婚妻要将绿松石戒指妥为保存,仅在未婚夫召见时才肯佩戴。

绿松石是十二月的诞生石,代表着温馨和生气,象征着吉祥、永恒和成功。

(二)绿松石的产出

世界上出产绿松石的主要国家有伊朗、美国、埃及、俄罗斯、中国等。

我国是绿松石的主要产出国之一,湖北郧县、陕西白河、河南淅川、新疆哈密、青海乌兰、安徽马鞍山等地均有绿松石产出,其中以湖北郧县、郧西、竹山一带的优质绿松石最为出名。湖北郧县地区被称为"东方的绿宝石之乡",盛产的绿松石料质地纯净,色泽艳丽,颜色多样。

(三)绿松石的宝石学性质

1. 矿物组成

主要的组成矿物为绿松石,次要矿物为埃洛石、高岭石、石英、云母、褐铁矿、磷铝石等。其中,高岭石、石英、褐铁矿等所占比例直接影响绿松石的品质。

2. 化学组成

绿松石是一种含水的铜铝磷酸盐,化学式为 $CuAl_6(PO_4)_4(OH)_8 \cdot 5H_2O$。

Cu^{2+}决定了它的天蓝色,随着Cu^{2+}和H_2O的流失,颜色从蔚蓝色变为灰绿色,直至灰白色。

3. 硬度

绿松石的摩氏硬度为5~6。硬度与品质存在一定的关系,高品质的绿松石硬度较高,而灰白色、灰黄色的绿松石硬度较低。

4. 颜色

绿松石的颜色可分蓝色、绿色、杂色3大类。蓝色包括天蓝色、蔚蓝色,色泽鲜艳;绿色包括蓝绿、深绿、绿、浅绿、灰绿等;杂色包括土黄色、灰白色等,需经人工优化处理后才能使用。

5. 光泽

绿松石的抛光面一般呈蜡状光泽、油脂光泽,少数品质非常好的绿松石可达到玻璃光泽。

6. 透明度

绿松石通常不透明。

7. 折射率

绿松石常呈集合体,在宝石折射仪上只有一个读数,平均值约为1.62。

8. 相对密度

绿松石的相对密度为2.76(+0.14,-0.36)。高品质的绿松石其相对密度应在2.8~2.9之间。

9. 吸收光谱

在强的反射光下,偶尔可见两条中等至微弱的蓝区432nm和420nm吸收带,有时在460nm处可见模糊不清的吸收带。

10. 发光性

绿松石在长波紫外线下有淡黄绿色到蓝色的荧光,短波荧光不明显。

11. 内部特征

放大观察绿松石内部可见暗色基质,常有黑色斑点或线状铁质或碳质包体。

(四)绿松石的品种

绿松石通常分为4个品种,即瓷松、绿松、泡(面)松及铁线松。

1. 瓷松

瓷松(图3-29)是质地最硬、结构最致密的绿松石,硬度可达5.5~6,因断口近似贝壳状,抛光后的光泽质感均很像瓷器,故有此名。颜色为纯正的天蓝色,是绿松石中的上品。

图 3-29 瓷松

图 3-30 绿松

2. 绿松

绿松(图 3-30)颜色从蓝绿到豆绿色,硬度在 4.5~5.5,比瓷松略低,是一种中等品质的松石。

3. 铁线松

铁线松是绿松石中有黑色褐铁矿细脉呈网状分布,使蓝色或绿色绿松石呈现有黑色龟背纹、网纹或脉状纹的绿松石品种(图 3-31),其上的褐铁矿细脉

图 3-31 铁线松

被称为"铁线"。铁线纤细,粘结牢固,质坚硬,和松石形成一体,使松石上有如墨线勾画的自然图案,美观而独具一格。

4. 泡松

泡松又称面松,呈淡蓝色到月白色,硬度在 4.5 以下,用小刀能刻划。柔软且疏松,只有较大块才有使用价值,为品质最次的松石。人们常采用注胶、注蜡以及染色等人工处理方法,改善其品质及外观,也称"废物利用"。

第二节 钠长石玉与翡翠的鉴别

钠长石玉又称"水沫子",主要矿物成分为钠长石,其次有少量的辉石矿物和角闪石类矿物。钠长石玉颜色总体呈白色或灰白色,色带较少且分布不均,在玉件中

可见到大大小小不规则和不透明的白色斑块,俗称"白脑",白色斑块稀散时则称为"棉",酷似水中翻起的水花表面的泡沫,故名"水沫子"。

钠长石玉(图 3-32)与冰种和飘兰花种(图 3-33)的翡翠外观非常相似,价值差异却很大。我们可以通过以下特征进行鉴别。

图 3-32　钠长石玉

图 3-33　飘兰花种翡翠

1. 颜色

钠长石玉多呈白色、灰白色,也见无色、灰白、灰绿等颜色。

2. 相对密度

钠长石玉的相对密度为 2.57~2.64,远低于翡翠,手掂较轻。

3. 折射率

钠长石玉的折射率为 1.52~1.54(点测),低于翡翠的折射率。

4. 内部特征

钠长石玉的粒状特征不明显,没有翡翠常见到的"翠性"。内部常有白色的絮状物,有时带有灰蓝色、墨绿色的杂质,与飘兰花种翡翠非常相似。

第三节　石英岩玉与翡翠的鉴别

石英岩玉是主要矿物成分为细小石英颗粒组成的集合体,常因云母、微量氧化铁、有机质混入形成各种颜色。根据组合颗粒的粗细程度,石英岩玉可分为显晶质集合体和隐晶质集合体两大类。显晶质石英岩玉主要品种有东陵石、密玉、贵翠和石英岩。隐晶质石英岩玉主要品种有玛瑙和玉髓。

石英岩玉中,与翡翠相似的品种比较多,掌握好一定的方法可以将它们区分开来。

一、隐晶质石英岩玉——玛瑙、玉髓

玛瑙和玉髓均为二氧化硅胶体溶液沉淀而成,具有纹带结构的为玛瑙,无纹带结构者称为玉髓。

玛瑙是一种古老的宝石之一,有多种颜色和花纹,品种较多,因此有"千种玛瑙"的说法。玛瑙主要产于火山岩裂隙及杏仁状的空洞中,也产于沉积岩和砾石层及现代残坡积的堆积层中。著名产地有印度、巴西、美国、俄罗斯、澳大利亚、墨西哥、中国等。主要矿物为石英,有时含有少量蛋白石,常有微量氧化铁、有机质等混入物,导致宝石产生各种颜色。常见颜色为红色、绿色、蓝色、紫色、黑色、白色、灰色、黄色等。玉髓常见红玉髓、绿玉髓、蓝玉髓、黄玉髓(黄龙玉)、杂质玉髓。

玛瑙和玉髓可以用来仿翡翠,主要通过以下4个方面进行鉴别。

1. 外观特征

玛瑙和玉髓的颜色分布均匀,没有翡翠的"色根"、"翠性",表面抛光较光滑,不见"橘皮效应"。

2. 结构特征

玛瑙和玉髓均为隐晶质结构,翡翠常为纤维交织结构。

3. 相对密度

玛瑙和玉髓相对密度为 2.60~2.65,远低于翡翠的相对密度。

4. 折射率

玛瑙和玉髓的折射率常为 1.54~1.55(点测),低于翡翠的 1.66(点测)。

二、显晶质石英岩玉

1. 东陵石

东陵石(图 3-34)的主要成分 SiO_2 达 90%,次为铬云母。颜色为浅绿到暗绿色,透明至半透明,折射率为 1.54~1.55(点测),相对密度为 2.63,硬度为 6.5~7。内含物常见大量铬云母,呈小片状分布,在查尔斯滤色镜下呈红色。产地为非洲、巴西等地。

东陵石折射率和相对密度均远低于翡翠,内含物与翡翠有较大差异,很容易区分。

2. 密玉

密玉(图 3-35)的主要成分 SiO_2 达 95%,次为铁锂云母 3%~5%,颜色为浅

图 3-34　东陵石　　　　　　　　图 3-35　密玉

灰绿色、棕红色。呈微透明,折射率约为 1.54(点测),相对密度为 2.63～2.65,硬度为 6.5～7。内含物常见大量铁锂云母,呈细小片状分布。主要产地为中国河南省密县。

3. 贵翠

贵翠的主要成分 SiO_2 达 90%,次为迪开石或高岭石 10%,颜色为浅蓝绿色,不均匀分布,折射率约为 1.54～1.55(点测),相对密度为 2.63,硬度为 6.5～7,微透明至不透明,常有"鬃眼"或条带分布。主要产地为中国贵州省倾隆地区、山西等地。

4. 石英岩

石英岩的主要成分 SiO_2 占 98% 以上,为一种纯石英岩,呈乳白色,半透明至微透明,颗粒细小,油脂光泽,折射率为 1.54～1.55,相对密度为 2.65,硬度为 7。石英岩常染为绿色仿翡翠,称染色石英岩,又称为"马来玉"或"马来西亚玉",外观与高档绿色翡翠非常相似,容易使人上当。我们可以从以下几方面与翡翠鉴别。

1. 颜色

染色石英岩的颜色过于鲜艳,分布均匀,饱和度高,非常不自然。

2. 内部特征

染色石英岩的颜色分布在颗粒间隙中,呈丝网状分布,称丝瓜瓤状结构(图 3-36)。

3. 吸收光谱

染色石英岩在红光区 660～680nm 可见明显的吸收窄带。翡翠在红光区为阶梯状吸收窄带。

4. 折射率、相对密度

染色石英岩的折射率和相对密度均远低于翡翠。

图 3-36 染色石英岩的丝瓜瓤状结构

第四节 符山石玉与翡翠的鉴别

符山石玉产于接触交代的矽卡岩中,是标准的接触变质矿物。色泽美丽透明的符山石可作宝石,巴基斯坦、挪威、美国等地有产出。"加州玉"为一种绿色、黄绿色致密块状符山石(常与钙铝榴石共生),半透明至微透明,质地细腻温润,产于美国加利福尼亚州。

符山石玉可从以下几方面与翡翠相区分。

一、颜色

符山石玉常呈黄绿色至绿色,颜色较浅,颜色分布比翡翠均匀。

二、折射率

符山石玉的折射率在 1.72 左右,明显高于翡翠的折射率。

三、吸收光谱

绿色的符山石玉在 464nm 处有明显的吸收线,528.5nm 处有弱吸收线,明显不同于翡翠的吸收光谱。

第五节　钙铝榴石玉与翡翠的鉴别

钙铝榴石玉常见两个品种，水钙铝榴石和块状钙铝榴石，水钙铝榴石又称为"不倒翁"或"南非玉"，主要产地在南非、巴基斯坦、加拿大、美国加州等地。块状钙铝榴石又称为"青海翠"，主要产于我国青海、新疆和贵州等地。这两个品种均为多晶集合体，外观与翡翠类似。

1. 颜色

水钙铝榴石常见浅绿色、粉红色，块状和不规则状色斑不均匀地分布在底色中；块状钙铝榴石颜色从浅绿至绿色并呈粒状、块状和不规则团块状及条带状分布。这些特征与翡翠明显不同。

2. 折射率

水钙铝榴石折射率为 1.70~1.73，块状钙铝榴石折射率在 1.74~1.75，明显高于翡翠的折射率。

3. 相对密度

水钙铝榴石的相对密度为 3.35，块状钙铝榴石的相对密度为 3.6 左右，都略高于翡翠的相对密度。

4. 滤色镜

钙铝榴石玉的绿色部分在滤色镜下呈红色，而天然翡翠在滤色镜下不变色。

5. 吸收光谱

暗绿色钙铝榴石玉的吸收光谱在 460nm 以下完全吸收，其他颜色的钙铝榴石玉在 464nm 附近有明显的吸收，这与翡翠的吸收光谱明显不同。

第六节　葡萄石与翡翠的鉴别

葡萄石主要见于玄武岩熔岩孔洞中，常呈钟乳状、肾状集合体产出。主要产地有澳大利亚、法国、南非等，我国四川、辽宁等地也有产出。

葡萄石与翡翠可从以下几方面进行鉴别。

1. 颜色

葡萄石的颜色常呈黄绿、草绿、褐绿等带各种色调的绿色，也见白色、浅黄色、褐红色等。葡萄石的颜色相对均匀,没有翡翠似脉状的色根。

2. 结构

葡萄石呈典型的放射状纤维结构,翡翠常为纤维交织结构。

3. 折射率

葡萄石的折射率常为1.63(点测),低于翡翠的折射率(点测)1.66。

4. 相对密度

葡萄石的相对密度为2.88～2.95,远小于翡翠的相对密度。

5. 内部特征

放大观察葡萄石内部可见放射状结构。

第七节 天河石与翡翠的鉴别

天河石,又称"亚马逊石",是微斜长石的变种,颜色为绿色、浅蓝绿色或蓝绿色,半透明至微透明,外观与翡翠相似。

印第安人视天河石为圣石,认为它的蓝绿色来自蔚蓝的天空,而天空则是我们所呼吸的空气来源地,因此认为此石对肺脏以及气管有很好的保护效果,还能调整身体代谢机能,让身体循环如河川流过那样平稳顺畅,吸收人体因为身心状态失衡所产生的停滞,同时保障身心健全。

天河石与翡翠可从以下几方面进行区分。

1. 颜色

天河石常见的颜色为浅到中等的蓝绿色、灰绿色,颜色介于蓝色和绿色之间,中间带有白色的纹理,呈现绿色和白色的格子状、条纹状或斑纹状。这与翡翠的颜色特征明显不同。

2. 内部特征

天河石由于解理和双晶发育,内部可见到解理面闪光,与翡翠的"翠性"相似,但其方向单一,与翡翠多方向的"翠性"明显不同。

3. 折射率

天河石的折射率为1.52～1.54,明显小于翡翠。

4. 相对密度

天河石的相对密度为2.53～2.56,明显小于翡翠。

第八节 玻璃与翡翠的鉴别

从埃及人发明玻璃(1500年)至今,玻璃一直是最常用的仿制宝石材料。在工艺技术快速发展的今天,玻璃的品种千变万化,几乎可以用来仿任何宝石,仿真度和迷惑性十分强。用来仿翡翠的玻璃最早在20世纪70年代由日本人生产出来,称脱玻化玻璃,作为高档翡翠的仿制品,并以 Meta-Jade(脱水玉、变玉)、Victoria-stone(维多利亚石)或 Kinga-stone 的名称投放市场。

我们可以通过以下几个方面将其与翡翠进行区分。

1. 外观特征

脱玻化玻璃颜色鲜艳、均匀,表面具有收缩凹坑,不具有翡翠的"色根"、"翠性"和"橘皮效应"。

2. 折射率

脱玻化玻璃的折射率大多在1.50附近,变化范围大,翡翠的折射率常为1.66(点测)。

3. 相对密度

脱玻化玻璃的相对密度为2.0~4.2,翡翠常为3.33~3.34。

4. 内部结构

脱玻化玻璃为非晶质,内部常含有树枝状、羊齿脉状雏晶和气泡、漩涡纹以及人工添加物。翡翠常为纤维交织结构,含有其他矿物杂质。

5. 光谱

脱玻化玻璃光谱受人工添加元素的影响,吸收光谱根据元素不同而不同。绿色翡翠则在红区可见阶梯状的吸收。

6. 硬度

脱玻化玻璃的硬度约为5,翡翠的硬度常为6.5~7。

第四章　翡翠原石

翡翠原石是指没有经过加工的翡翠，也称"毛料"。目前市场上可根据原石矿床类型、开采地点、矿床发现时间以及出产的场口来进行分类，而其皮壳、雾、癣、蟒、松花及绺裂则是人们辨别它的最佳标准。翡翠原石又称为"赌石"，专家学者主要通过看、掂、照、刻、敲、触、泡、烧、滴等手段对其进行鉴别。"赌石"是一种古老的翡翠原石交易方法，但一直沿用至今。本章主要介绍翡翠原石类型、特征、鉴别及赌石文化。

第一节　翡翠原石的类型

翡翠原石分为多种类型，目前市场上主要根据以下几个方面进行分类。

一、根据翡翠原石的矿床类型分类

（一）原生矿石

原生矿石是指从翡翠矿脉中开采出来的没有风化外皮的原生矿，也称"新山料"。其表面没有风化的外皮，可以直接观察到翡翠质地的好坏，较易判断整块山料品质的优劣。原生矿石大小不一，几吨至几十吨的皆有，多为中低档料。

（二）次生矿石

次生矿石是指不在矿脉中开采出来的翡翠原料，多是经过风化残留在原地或经过搬运一段距离后沉积下来的矿石，多见于山坡、现代河床或阶地砾岩中。

由于经过了风化作用和搬运作用，结构疏松或易裂的部分会剥离掉，留下结构比较坚韧细腻的部分，因此翡翠次生矿石块度较小，品质好，并带皮壳，无法直接看见内部的品质，所以在行内称其为"赌石"。

二、根据翡翠原石开采地点分类

（一）山石

山石是指从山上开采出来的原料，大部分是原生矿石，一般不具有或具有一层很薄的皮壳,形状多为棱角状和半棱角状,大小不一。

(二)水石

水石又称"水皮石",是指从河床中开采出来的翡翠原石,属于次生矿石。

水石由于经过河流长距离的搬运作用到达河漫滩沉积下来,在这个过程中伴有长期的冲刷作用,因此一般无棱角,呈椭球形、球形,具有较好的磨圆度,外表有一层皮壳,内部质地细腻致密,品质较高,所以民间有"山石不如水石"的说法。

(三)半山半水石

半山半水石是指经过水流短距离搬运至山脚或山前平地沉积下来的翡翠原石。其具有山石和水石的特征,带有皮壳,具有一定的磨圆度,品质有好有坏,块体有大有小。

三、根据翡翠矿床发现的时间分类

(一)老厂玉

老厂玉又称"老山玉"、"老坑玉",是早期发现的翡翠矿床产出的原石。这些矿床一般都属于次生矿床,开采的翡翠原石品质较高,颇受欢迎。

(二)新厂玉

新厂玉又称"新山玉"、"新坑玉",是后期发现的翡翠矿床产出的原石。这些矿床一般都属于原生矿床,开采的翡翠原石一般无皮壳或带一层很薄的皮壳,质地较差,所以行内有"新玉不如老玉好"的说法。

四、根据翡翠原石出产的场口分类

在翡翠原石的交易中有句行话:"不懂场口的人不能赌石。"场口指的是翡翠的产地或矿区。缅甸翡翠共分为8个场区,每个场区又分为多个场口,不同的场口产出的翡翠原料在外观和品质上有较大的差异。所以,确定场口有助于推断原石是否具有可赌性。

(一)翡翠原石出产的场区和场口

随着市场对翡翠的需求日益剧增,缅甸的场区在扩大,场口也在增加。现在,翡翠的矿区已经扩大到东起和平,西至红木林,长约240km;南起温朵,北至拉班,宽约170km。矿区内的大小场口已有100多个,星罗棋布,有一定知名度的场口也不下70个。

缅甸翡翠场区分为老场区、新场区及新老场区三大类。

1. 老场区

老场区位于缅甸乌鲁江的中游,是发现和开采最早的场区,也是至今范围最大、场口最多的场区,是缅甸翡翠的主要产地。

老场区最深地段现已开采到第三层,约 20m 深。第一层为黄砂皮,第二层为黄红砂皮,第三层为黑砂皮。该场区出产的翡翠产量多,品质高,在翡翠原石的交易中经常会见到。老场区包括四个主要的场区:

1)帕敢场区

帕敢场区有名的场口有莫西沙、木纳、惠卡、大谷地、四通卡、帕敢等 28 个以上场口;

2)木坎场区

木坎场区有名的场口有大木坎、雀丙、黄巴等 14 个以上场口;

3)南奇场区

南奇场区有名的场口有南奇、莫罕等 9 个场口;

4)后江场区

后江场区因位于乌鲁江北侧的一条支流——康底江(又称后江)江岸而得名。该场区开采于 16 世纪初,长约 3 000 多米,宽约 150m,产出的翡翠原石块体较小,主要包括后江和那莫两个场区,分布着帕得多曼、比丝都、莫龙、格母林、加莫、香港莫、不格朵、莫东郭、格勤莫、莫地等 10 余个场口,最著名的场口是格母林、加莫、莫东郭、不格朵。

后江场区所出产的翡翠原石一般在 300g 左右,品质优良,皮壳薄。现掘进深度已超过第六层,约 30 多米深,第三、第四层都有隔层,前两层与老场区的情况类似,第六层的块体皮壳几乎都是黄蜡壳,第六层之后的隔层比较厚,目前出矿率较低。

那莫场区位于后江上游的一座山上。那莫就是"雷打"的意思,该场区主要出产雷打石,即雷劈种翡翠,裂多种干,难以取料,属低档原料。

2. 新场区

新场区是后期开采翡翠的矿区,主要包括马萨厂、凯苏、道茂、目乱岗等 11 个以上场口。

3. 新老场区

新老场区位于乌鲁江上游的两条支流之间,主要出产大块料,产料多以白底青的中低档料为主。场口位于表土层下,开采很方便,但消逝得很快。著名的场口有龙塘场口。

(二)典型场口原料特征

在翡翠原石市场上,行家往往用产出的场口来命名翡翠原石,根据场口就能大概判别其品质的优劣,下面介绍的是典型的几个以场口命名的翡翠原料。

1. 莫西沙玉石

莫西沙玉石,产自帕敢场区的莫西沙场口,位于乌鲁江中游,开采于公元1世纪。目前,挖掘最深的地段已开采至第五层,深约30m。第一层所出的块体几乎都是黄砂皮壳,第二层多见红砂皮壳,并带有蜡皮,第三层为黑砂皮壳,第四层为灰黑皮壳,第五层为白黄皮壳,大多有蜡皮。

莫西沙玉石玉质细腻,出品率高,成品颜色鲜艳,光泽好,结构致密,但其中容易有棉和绺裂,若出现无棉无绺无裂者价值甚高,近年来成为很多赌石商人争相购买的抢手货。

2. 帕敢玉石

帕敢玉石产自帕敢场区的帕敢场口。帕敢玉石一般块体较大,呈各种大小的砾石状,从几千克至几百千克均有。皮壳较薄,以灰白、黄白色为主;皮壳有黄盐砂、白盐砂;有白雾、黄雾;一般玉质细腻,种水均好,颜色较正,透明度较高。

3. 木纳玉石

木纳玉石产自帕敢场区的木纳场口,其以满色均匀而出名,结构致密,种水很好,但都基本带有明显的点状棉。

4. 灰卡玉石

灰卡石又称为"会卡石"、"汇卡石",产自帕敢场区的灰卡场口。灰卡玉石块体大小悬殊,大件的可达几百千克至上万千克。其皮壳以灰、灰绿、灰黑色为主,内部玉质好坏不一,出现绿色的地方一般水种较好。

5. 大木坎玉石

大木坎又称为"大马坎"、"打木砍",产自木坎场区的大木坎场口。大木坎玉石一般块体较小,重1~2kg,皮壳多为褐灰色、黄红色,为坡积层产出或山下河床的水石,内部水种较好,但多白雾、黄雾。另外,大木坎石还有如血似火的红翡,十分名贵。

6. 南奇玉石

南奇玉石又称为"南七石",产自南奇场区的南奇场口。其皮壳一般较薄,内部翡翠绿色偏蓝、偏灰,甚至有些略带黑色,底好的多见有绿色,底差的少见颜色。

7. 后江玉石

后江玉石也称"坎底玉",也叫"雷打场"。分为老后江和新后江,均产自河床冲积砂中,新后江产于冲击层的中下部,老后江产自冲积层的底部。它们均带有皮壳且皮上均有蜡皮。

老后江玉石块体较小,很少超过0.3kg,皮壳较薄,呈灰绿、黄色,水好底好,常产出满绿高翠,少雾,裂纹多,加工性能较好,成品颜色比原石好,是制作戒面的理想原料。

新后江石一般块体较大，质量在 3kg 左右，皮壳较老后江石稍厚，种水较差，相对密度及硬度也较低，裂纹多，加工性能远不及老后江石，即使是满绿高翠的原料也很难做出高档的饰品。

8. 马萨玉石

马萨石产自新场区的马萨厂场口。其一般无皮壳或较薄皮壳，内部绿色较浅淡，种水不一，主要用作低档手镯料或大型摆件料。

9. 目乱岗玉石

目乱岗也称为"目乱干"，产自新场区的目乱岗场口。该原石一般无皮壳，种水好，但有白雾。该石以出产紫罗兰及红翡而著名，一般在一块玉料上有紫、红及淡翠并存，但裂纹多。

10. 龙塘玉石

龙塘玉石又称"龙肯玉石"，产自新老场区的龙塘场口，为残坡积产出，其皮壳较粗，以黄砂皮或灰白鱼肚皮为主，大部分内部绿色较正，种水均好，常出高翠玉料。

五、根据翡翠原石的档次分类

1. 色料

色料一般色好、水好、种好，属于高档料。

2. 桩头料

桩头料也称"砖头料"，一般色、水、种都较差，属于低档料。

六、根据翡翠原料的用途

1. 手镯料

手镯料是指适合做手镯的原料。

2. 花牌料

花牌料是指适合做各种花牌或者挂件的原料。

3. 摆件料

摆件料是指适合做各种摆件雕件的原料。

第二节 翡翠原石的特征

翡翠的原生矿石表面无皮壳,能够一眼看清内部的特征。次生矿石由于自然界的风化和搬运作用,表面常形成一层厚薄不一的皮壳。由于皮壳的存在,无法观察到内部翡翠品质,而对翡翠原石的鉴别主要是通过皮壳表现出来的各种现象推断其内部的品质优劣。因此,认识翡翠外部的特征非常重要,在翡翠原石表面可以出现以下特征。

一、皮壳

翡翠的皮壳是指翡翠原石在风化、剥蚀、搬运和沉积等作用过程中形成的风化层。由于多种地质作用的影响和翡翠内部组成矿物及化学成分的作用而使其皮壳颜色、粗细、厚薄不一。行家根据皮壳的特征大致可以估计出翡翠内部的颜色、种水、绺裂等。根据皮壳的颜色、粗细、厚度、成分等特征可分为以下几类。

(一)砂状皮

砂状皮翡翠原料是缅甸翡翠原石最主要的类型,一般都出现在古河床两侧。由于地壳的抬升运动,原来长期埋藏于水中的原石又裸露于地表开始接受第二次风化作用,再次的风化作用使翡翠原石尽管保持了砾石的形状,但表面会出现一层砂状层,这类翡翠原石也称为砂皮翡翠原石。

砂状皮一般皮层较厚,外表粗糙,无任何光泽感且砂粒突出,是发育和保存最为完好的风化皮。由于埋藏的深度和位置不同,砂状皮也会出现不同的类型,按砂状皮的颜色大体可分为以下几类。

1. 白砂皮

白砂皮翡翠原石主要产于老场区的木纳场口和新场区的个别场口。砂皮呈白色、浅灰色或几乎没有颜色,砂粒往往突出,较为疏松,皮下可见"雾"。这种砂皮石往往内部呈无色或者带淡绿和淡紫色,底色干净,透明度较好。

白砂皮中有一种较好的品种叫白盐砂皮,为白砂皮中的上等货。皮壳较厚,砂粒如细盐般细密,皮下无"雾",内部若有绿色一般较阳,质地细腻,种水好,多为玻璃种、冰种、冰种飘花,也可出现高翠色,属高档翡翠原料。

还有一个品种叫石灰皮,表皮为灰白色,如同石灰,皮质较软,这层石灰皮层刷掉后可露出白砂皮,内部多为玻璃种翡翠。

2. 黄砂皮

黄砂皮是比较常见的翡翠皮壳类型,几乎所有的场口均有黄砂皮翡翠原石产出,所以很难根据皮壳来判断场口。

黄砂皮原料的皮壳常较厚,呈浅黄色、土黄色、棕黄色等黄色调,砂粒较为粗大。黄砂皮有两种类型,一是由直接风化形成的黄砂皮,皮层与内部呈逐渐过渡状态;二是经过二次氧化形成的黄砂皮,黄砂皮向内会有一层明显的红皮层,并且界线清晰。

黄砂皮内部可能含有较多的绿色,但多数绿色分布不均匀,会出现较为浓艳的色根。若皮壳表层砂粒大小均一,砂粒突出,则预示内部翡翠品质较好;若皮壳表层砂粒不匀称,皮壳光滑,则预示内部翡翠品质较差。

3. 红砂皮

红砂皮,又称"铁砂皮",由于氧化铁富集出现明显的红色、红褐色、褐色的皮壳。红砂皮原石多为棱角状,磨圆度较差,皮壳一般较薄,但非常坚硬。

红砂皮的翡翠原料中往往有比较细腻圆润的红翡皮层,往往给人一种整块红翡的假象,估价甚高,但切开后红翡仅限于表层,内部为原生翡翠,价值大跌。

行家认为,红砂皮表示内部的翡翠"种"较老,质地致密且种水较好。若皮壳不仅砂细,并可见松花和黑色条带,则内部的翡翠为种水色较好的高档料。

4. 黑乌砂皮

黑乌砂皮翡翠原料多产自老场区,是在还原性的环境中产生的皮壳。皮壳多呈较深的黑色、黑灰色,有的略带灰色、绿色,砂粒感不强,皮层较为紧实,略带蜡状光泽。

黑乌砂皮内部较易产生颜色,若在皮壳上能见到颜色,则内部可能出现多而浓艳的绿色,但是颜色变化很大,绿中带黑或水头很差的概率非常大,所以对于黑乌砂皮行内有"十赌九垮"的说法。

另外,黑乌砂翡翠原石表皮往往有一层灰绿色至暗绿色的"雾",雾层可厚可薄,因此准确区别原生的绿色和"雾层"十分关键。在黑乌砂赌石中,往往一些只开一个窗口,在灯光照射下不容易区分是绿"雾"还是原生绿色,一旦把"雾层"当作原生绿色,并推测会往内部延伸的话,则必赌垮。

(二)水翻砂皮

水翻砂皮又称为水地砂皮,是翡翠次生矿石具有的一层砂状皮壳,磨圆度较好。皮壳一般较薄,有明显的砂感,通常带有分布不均匀的水锈色,光线可直接射入内部观察其特征。

(三)水皮

水皮翡翠原石主要产于老场区。皮壳一般较薄,颜色可呈褐色、黄色、青色、白色、绿色、淡黄色等,皮质光滑细腻。

另外，由于经过了较长时间的搬运和分选作用，保留下来的多是质地较为致密细腻的部分，所以水皮下的翡翠一般品质较好。

(四)蜡状皮

蜡状皮是因翡翠原石皮壳呈蜡状光泽而得名，一般产自惠卡场区和后江场区，与第三纪含翡翠砾岩的地质构造活动有关。惠卡场区的砾岩层产生了褶皱，后江场区的砾岩层呈直立状，而翡翠原石可能在这样的地质构造中发生了揉动和塑性摩擦作用，使原本表面粗糙的皮壳变成光滑的蜡状皮。

蜡状皮一般呈黄色、红色、白色或黑色等，其颜色与原石在砾岩层中的位置有较大的关系，近地表处由于风化作用而呈现红色的蜡状皮，而较深的部位则产出黑色的蜡状皮。此外，这种皮壳光滑坚硬，厚薄不一。

(五)老象皮

老象皮多产自帕敢场区的老帕敢场口。一般呈灰白色，表面粗糙呈高低不平的褶皱，感觉如老象皮。皮壳厚薄不一，看似无砂，手摸具有砂感。

老象皮原料属于皮壳中的高档料，内部翡翠呈半透明的玻璃种。

二、雾

翡翠的"雾"是指翡翠外部皮壳与内部翡翠之间的一个半风化的过渡层，外观朦胧似雾，故称之为"雾"。"雾"的形成实际上就是硬玉矿物由于环境条件的改变发生分化作用而形成的一种次生矿物，这些次生矿物包裹在硬玉岩的外部，形成了中心部分为硬玉岩，外层是次生矿物层，即"雾层"，最外层是风化壳。"雾"的表现形式常有以下四种形式。

1. 雾跑皮

雾跑皮是指翡翠的皮壳上显示了雾的颜色。若出现雾跑皮，内部的翡翠颜色可能偏灰，对其绿色的鲜艳度产生影响，是翡翠原石中的一种不好的征兆。

2. 雾裹色

雾裹色是指雾色与翡翠的绿色相混的一种现象，如木坎场区大木坎场口出产的翡翠原石黑雾与绿色浑然一体，若是以绿色为主，成品则显示深绿色；若是以黑色为主，成品则显示暗青色。

3. 雾穿低

雾穿低是指雾色以脉状贯穿在翡翠内部，形成独立的颜色，若雾色清晰或分布适当，可作为成品中的俏色。

4. 雾润底

雾润底是指雾色常浸染整个或大部分翡翠，使翡翠形成新的颜色。如帕敢场区的具有白盐砂皮的翡翠原石,多见紫色的雾色浸染翡翠内部,形成漂亮的紫色,若有相应的绿色搭配,则形成了翡翠中的珍品。

由于"雾"的形成环境不同,其内部含有不同的杂质元素,因而雾的颜色也多变,常见黑色、白色、黄色、红色等。雾的有无及颜色可以反映出原石内部翡翠的品质,不同颜色的雾具有不同的指示作用。

1. 白雾

白雾一般含铁量较低,并混有含硅的杂质,对内部翡翠的浸染一般不大,所以白雾的存在反映其内部可能是较为纯净的硬玉,质地干净,透明度较好,若有绿色存在,一般是较为纯净的翠绿色。

2. 黄雾

黄雾也称"蜂蜜雾",一般含铁量较高,对内部翡翠的品质会产生一定的影响。黄雾的存在说明内部的翡翠正在逐渐被氧化,若雾色为纯净的淡黄色,则表示杂质元素较少,其内部可能出现正阳绿色翡翠,但也可能因为铁离子的存在而使绿色偏蓝。

3. 红雾

红雾一般含铁量较高,其存在说明内部的翡翠可能产生偏灰的底色,并且红雾还容易出现"雾跑皮"或者"雾穿底"的现象。

4. 黑雾

黑雾主要是由大量的杂质元素氧化所致。黑雾的存在反映其下的翡翠品质较差,绿色多带油性,并容易出现"雾跑皮"或"雾润底"的现象。

三、癣

"癣"是指在翡翠原料上出现的大小不同、形状各异的黑色、深绿色或灰色的印记。"癣"是绿色硬玉被角闪石族矿物交代所形成的,主要矿物成分为角闪石、蓝闪石、铬铁矿及一些氧化物等,呈靛蓝色、蓝黑色的柱状、纤维状集合体,往往对硬玉呈边缘交代或完全交代,与皮壳周围的物质有明显的颜色变化。"癣"的种类较多,行业内一般对"癣"做如下分类。

(一)根据"癣"对翡翠的绿色是否具有破坏性分类

"癣"中的一些矿物可以为内部的翡翠提供致色铬离子,所以"癣"与翡翠的绿色有密切的关系。民间称"癣随绿走"、"癣吃绿"等,但有"癣"不一定有绿,有绿不一定有"癣",要看"癣"的生成环境与时间以及"癣"内是否有铬元素的存在。故根据"癣"对翡翠是否具有破坏性将癣分为"活癣"与"死癣"。

1. 活癣

"活癣"在一定程度上可以提升翡翠的价值,往往有癣就有绿,这就是常说的"癣随绿走",是有利于翡翠原石的一种特征。

活癣形状、颜色各异,癣中有水,活放而不呆板,细看似有潜在变化趋向。

2. 死癣

"死癣"是指形成翡翠以后在没有铬元素释放的地质条件下产生的癣,往往抑制绿色的产生,就是常说的"癣吃绿",会大大降低翡翠的价值。"死癣"一般形状刺眼,癣层干燥而发枯。

"死癣"与"活癣"有互相转化的关系。当把两种"癣"放在强光下细看,会发现死癣中含有活癣,活癣中含有死癣。如果死癣的走向是活癣,对块体内部的危害会相应减弱,仍然具有可赌性;但当活癣的走向是死癣,其危害程度较大,不可赌。值得注意的是两种"癣"进入翡翠深部的变化有时是相反的,完全不以人们的判断为转移,所以以"癣"判断翡翠品质的优劣需要十分谨慎。

(二)根据"癣"分布的形态分类

翡翠中的"癣"有多种形态,都与绿色有着不解之缘,其形态大致可分为块状、脉状、点状三大类。

1. 块状癣

块状癣又称为"睡癣"、"软癣"或"膏药癣",一般分布在成分结构较为均匀的翡翠中。

由于块状癣是热液局部均匀交代硬玉的结果,所以绿色可能被整体并且均匀地保存下来,是赌性较好的一种翡翠原石,赌石内部出现绿色的可能性较大。

块状癣中比较典型的有两种:一种是呈带状的癣,也称为"黑带子"或"带子黑";一种是呈聚集形或不规则块形的癣,称为"黑疙瘩"。

2. 脉状癣

脉状癣又称为"值癣"、"猪鬃癣",是沿翡翠中的裂隙充填交代而形成的一种长条形的癣。这种癣对绿色的指示性较差,不能作为判断翡翠内部绿色存在的依据。

3. 点状癣

点状癣又称为"黑点"、"黑星"、"白钉"、"沙包"、"黑钉"、"苍蝇屎"、"痱子"等,这种癣为不规则分布的点状,在翡翠内部较为分散,影响加工。

但是,翡翠原石皮壳上分布铬铁矿时与点状癣有几分相似,但是铬铁矿形状规则,光泽较强,铬铁矿的存在对内部翡翠的绿色有较好的指导意义,应注意区分。

(三)根据"癣"的颜色分类

在翡翠原石中,根据癣的颜色可分为黑癣、灰癣、绿癣等。

四、蟒

"蟒"是指翡翠的皮壳上出现的细脉状或块状花纹。常见"蟒"呈凸起或下凹状分布在翡翠皮壳表面，犹如一条蟒蛇盘卷，也称"蟒带"。它是判断原石内部有无颜色及颜色分布状态的一个可靠依据。

翡翠的成岩成矿有着不同的时代，形成了结构、成分上的差异，在风化过程中产生差异风化，一般细粒致密结构比粗粒疏松结构抗风化能力强，绿色部分比无色部分抗风化能力强，所以无色或浅色、粗粒、结构疏松的基底易遭受风化形成相对下凹状，而细粒结构的绿色部分不易遭受风化而凸出，从而形成蟒带。蟒带的特征对翡翠颜色质地的变化有一定的指示意义，根据其不同的特征可分为以下几类。

（一）根据"蟒"的指示方向不同分类

1. 种蟒

种蟒是指示翡翠结构变化的蟒带。在翡翠原石的表面，种分越好，质地也就越好，而好的质地（好的种分）的地方抗风化能力强，同样的外界条件下，其余部分被风化得下凹，而质地好的部分倒显得凸出来，即形成"种蟒"。

用手触摸翡翠的皮壳，"种蟒"会明显呈条带状凸起，并有一定的走向。

2. 色蟒

色蟒是指示翡翠颜色变化的蟒带。色蟒的形成有两种原因：一是由于差异风化作用使无色或浅色、结构疏松的翡翠相比细粒结构的绿色部分相对凸出，从而形成色蟒；二是翡翠颜色相对集中的带状区域可能含有一定量的闪石或绿辉石，这两种矿物的抗风化能力均弱于无色的硬玉，因此有颜色的带状区域凹陷下去形成"色蟒"。

色蟒呈下凹状，呈平行绿色的走向，玉质较差，可能还伴有裂隙。

（二）根据蟒的颜色分类

翡翠中蟒的颜色较为丰富，常见绿色、黑色、白色、橘红色、灰色等，在这些颜色中，只有绿色的蟒带对内部翡翠的品质具有一定的指示意义。

只要绿色的蟒带出现，都会提高翡翠原石的可赌性。若绿色的蟒带为凸起状，则绿色的翡翠较周围无色或浅色的翡翠结构更为细腻，水头更好；若绿色的蟒带为下凹状，则绿色的翡翠相对品质较差，有可能还伴有裂隙，要小心谨慎对待。

五、松花

"松花"是翡翠内部或浅层的绿色在皮壳表面的一种表现形式。松花一般类似于干苔藓，呈块状、脉状和浸染状等。

由于致色离子的种类、浓度和空间分布在一定的成矿时间和空间是相对稳定的,所以根据松花颜色的深浅、形状、走向、多寡、疏密程度、是否渗透内部以及渗透的深浅,可推断其内部绿色的深浅、走向、大小、形状等。一般说来,若松花浓而鲜艳并且集中,价值就会高;若皮壳上没有松花,内部可能很少会有绿色。松花在翡翠皮壳上可以表现为多种形态,人们也赋予这些不同形态的松花一些名称,如包头松花、丝丝松花、春色松花、乔面松花、蚯蚓松花、蚂蚁松花、大膏药松花、毛针松花、霉松花、卡子松花、癣点松花等。

比如,大膏松花是指松花如一块膏药盖在翡翠的皮壳上,并且包裹或深及翡翠的三分之一,根据其渗透翡翠内部的深浅决定其赌性。一般如果是后江场区产出的翡翠原石,则松花进一寸即有一寸色,是一种赌涨成分很高的原石,但是其他场口产出的翡翠原石需要小心判断。而荞面松花是指整个石头好象撒了一层绿粉,乍看呈黄绿色,一旦着水就呈现出淡绿色,有的还会有一点点绿色出现。乔面松花一般大,覆盖半个石头或整个石头,根据其颜色的浓淡来决定其内部翡翠的可赌性。

六、绺裂

绺裂是指存在于翡翠原石中的裂纹或裂隙,绺裂的存在会对翡翠的加工和利用造成很大的影响,所以在评价翡翠原石时是必须考虑的因素,行内有"不怕大裂怕小绺""宁赌色不赌绺"之说。

翡翠的绺裂多种多样,可按其成因、大小、与绿色的关系以及表现形式等做进一步的划分。

(一)根据绺裂的成因分类

1. 天然绺裂

天然绺裂是在自然界中产生的,并未有任何人为的因素存在。天然绺裂按其成因又可细分为原生绺裂和次生绺裂两大类。

1)原生绺裂

原生绺裂是指翡翠在形成的过程中由于受到地球内动力地质作用而产生的裂隙。

2)次生绺裂

次生绺裂是指翡翠形成后由于长期暴露于空气中,经过风化和剥蚀作用等而产生的裂隙。

2. 人为裂隙

翡翠原石中的人为裂隙是指在开采、搬运或者加工过程中产生的裂隙,一般都是由人为因素引起的。

在这些绺裂中,天然绺裂对内部翡翠的品质影响较大。

(二)根据绺裂的大小分类

翡翠原石上的绺裂按照大小、形态等可分为大型绺裂与小型绺裂两大类,大型绺裂多是开口型,例如夹皮绺、恶绺、通天绺等;小型绺裂多是半开口形,例如碎绺、小绺等。具体特征如下:

1. 夹皮绺

夹皮绺是指在已破开的裂绺内部存在一定厚度风化层的绺裂。

2. 恶绺

恶绺是一种开口型的大型绺裂,绺裂内部存在水垢、污泥等杂质,没有风化层。这种绺裂一般上下贯通,十分影响内部翡翠的品质,称为"恶绺"。

3. 通天绺

通天绺是一种开口型的大型绺裂,上下贯通。一般为白色,其内部没有污泥水垢以及风化层。

4. 十字绺

十字绺通常是由两个或三个方向的绺裂呈垂直交叉或近于垂直交叉而形成的绺裂。根据绺裂的大小分为大十字绺和小十字绺。

5. 碎绺

碎绺是一种半开口的小型绺裂,多呈白色,以杂乱而散碎的小绺裂群出现。这种绺裂会对内部翡翠的品质造成较大的影响,特别是在绿色的翡翠上出现这样的绺裂是对翡翠价值的一种直接危害。

6. 嵌皮绺

嵌皮绺是一种半开口半合口的小型绺裂。这种绺裂呈白色或无色,深度有限,对翡翠的品质偶尔会造成影响。

7. 蹦瓷绺

蹦瓷绺是一种半开口半合口的小型绺裂。这种绺裂如瓷器边缘稍加碰击后产生的小裂痕一样,常为一小层片,深度有限,对翡翠的品质有时有影响。

8. 小绺

小绺是一种小型的合口绺。一般有纹线而没有颜色,如在翡翠绿色中出现则有较大的影响。

在行业内,有"不怕大裂怕小绺"的说法,大型绺裂在外部发育,一般容易引起人们的重视,但是对内部翡翠的品质影响不大;小绺往往出现在结构粗糙的翡翠内部,往往很难预料,会对翡翠的品质产生较大的影响。

(三)根据绺裂的形态分类

1. 直线式绺裂

直线式绺裂在翡翠原石中较为常见,一般呈直线状,应注意其深度对内部翡翠的影响。

2. 曲线式的绺裂

曲线式绺裂是一种呈曲线状的绺裂,在弯曲的部位常会出现分岔现象,应该注意分岔对内部翡翠品质的影响。

3. 衔接式绺裂

衔接式绺裂又称为"雁行式"或"斜列式",是较为常见的一种绺裂。

4. 分散式绺裂

分散式绺裂俗称"鸡爪子绺",通常呈一条绺裂分散成几条的形状。一般情况下,集中的绺裂多为严重的大绺,而分散后的绺裂则逐渐减轻直至消失。

(四)按绺裂与绿色的关系

某些绺裂与绿色之间有着较为密切的关系,如截绿绺、错位绺、随绿绺,是特殊的绺裂。对于这些绺裂,常因不了解而发生预计上的失误,造成极大的经济损失。

1. 截绿绺

截绿绺是能把绿色给截住的绺裂。一般来讲,翡翠中绿色通常沿着一定的绺裂生成,但是若出现一条绺裂像一堵不可逾越的墙一样横穿绿色,阻挡了绿色的延伸,并将绿色阻止在一边,就称为"截绿绺"。

截绿绺并不是绺把绿色挡住了,而是错开后另一半绿丢失了,这就比正常预计下的绿色要少一半,因此会对翡翠的品质造成较大的危害。

2. 错位绺

错位绺是指造成翡翠绿色的分布发生错位并产生位移的绺裂。这种绺裂是由于相反的两个方向的力的作用,使得翡翠两部分沿着一个平面,各向相反的方向移动、滑移或者错位。于是就出现了一条绿线被断开了,并移动了一定的距离,这种情况下的绺叫"错位绺",绿色叫"错位绿"。而发生错位与滑移的平面,有时表现为明显的绺裂,而有时又却是天衣无缝,只能从错位的特点中看出隐的一条线,其结合之紧密浑如一体。

3. 随绿绺

随绿绺是指在绿色中并与之平行的绺裂。可能是由于绿色部位是构造薄弱面,较其他部分易于开裂,当发生外力作用的情况下,绺裂首先就会在这脆弱的部分产生。

随绿绺对内部翡翠的品质有极大的危害,常会产生"靠皮绿",或称之为"膏药绿"。这种靠皮绿给人一种满绿色假象,但实际绿色仅存在表皮薄薄的一层,厚度很小,这也就是俗话说的:"宁买一条线,不买一大片。"

第三节 翡翠原石的鉴别

行话说"神仙难断寸玉",这句话除了说明翡翠品种的复杂多样外,更道出了翡翠原料的变化多端和各种作伪手法的高明,特别是现代科学技术的发达更使一些赝品达到了以假乱真的地步,即使是行家有时也会难辨真假。

一、翡翠原石的处理方法

常见的处理方法归纳起来有如下几种:

(一)做假皮法

翡翠的皮壳特征与内部翡翠的品质有较大的联系,行家通过皮壳就可推断内部翡翠的优劣,如白盐砂皮、黑砂皮、水皮等内部都是高档的翡翠原料,所以有些玉商为了提高翡翠的价值,将一些劣质翡翠,甚至一些低档玉石表面加以改造,做一层皮壳,以牟取暴利。

制作假皮一般选择劣质的翡翠原料,甚至一些染绿色的石英岩、花岗岩砾石,先在滚筒中将其磨圆使之外形如卵石状,再将翡翠料磨成的砂粉与水泥或一些特质的胶、各种砂土混合,然后抹在石料的表面。有时为了更加逼真,还将做好假皮的石料埋藏在地下一段时间,使皮壳看起来更自然。

(二)染色法

染色处理是将整个翡翠原石进行化学处理,用绿色的染料使其皮色变绿,从而提高翡翠原石的档次。

仔细观察这些染色的翡翠原石可以发现染料一般聚集在裂隙中,在滤色镜下可能还会出现变色现象。

(三)注色法

注色是针对一些水头较好,但颜色较差的翡翠原石,在靠近开口的附近钻孔或挖空,在孔中注入绿色染料,或在孔中涂上绿色、垫入锡纸,还可加上铅块,然后将孔堵上。从开口上看,内部有绿色,容易使人上当。

所以,一般对于开口处无色,内部有绿色的翡翠原石应该格外小心。正常情况下,卖主都会将绿色尽量暴露出来以提高原石的档次,而不会让绿色在内部若隐若现。

(四)移花接木法

移花接木有两种方法。一种是将高档的翡翠原料切开后取出其精华,然后填入一些低劣的碎料,再重新胶结,并做上假皮,并在高档翡翠原料处开口;另一种是将一些劣质的原石在任意位置切开,放入或夹上小块绿色翡翠或绿色玻璃,然后再重新胶结,并植上假皮,开口以造成翡翠内部有高色的假象。

(五)以假充真法

以假充真就是利用其它与翡翠相似的玉石原料冒充翡翠。特别是有些不法商人利用中缅边境玉石口岸的知名度,将钠长石玉、岫玉等貌似翡翠的玉石原石运至云南,冒充翡翠向人们兜售。

二、翡翠原石的鉴别

翡翠原石的交易环境一般较为简陋,所以利用肉眼、手电筒、放大镜以及触手可及的东西鉴别是最为有效的。归纳来看,翡翠原石的鉴别方法主要有如下几种:

(一)看

通过肉眼及使用放大镜,观察原石的皮壳特征、质地、颜色、结构、裂隙和后期充填物等特征。

可是,某些观察到的特征可能有悖常理,比如说:

1. 开口过小

较大块体的翡翠原料一般都会开较大的口,但是有些时候这些大原石开口较小,这有可能是由于内部翡翠绺裂太多,或者绿色太少,或者是经过做假皮处理的,应该注意。

2. 无盖子

翡翠原石开口时会切下小块,即为开口的盖子。盖子与开口处是可以吻合的,一般盖子与原石一起出售。

若出现无盖子的情况,盖子上可能有大量的绿,并且较大料上的绿多,并可推测绿色在大料中不会深入,所以若大料中内部有高翠,则有可能是注色处理的翡翠原石。

3. 大片绿

切口或皮壳上有一大片绿但又不开成明料出售的一定要当心是否是靠皮绿,或者是否是经过注色处理的翡翠原石。

(二) 掂

对于块体较小的翡翠原石，用手掂其质量。翡翠的相对密度为 3.20～3.40，大多数翡翠原石的相对密度也在这个范围内，但是做假的原石的相对密度可能会提高或降低。

(三) 照

在强光源或阳光的照射下，观察皮壳四周及内部的色调、绿色的走向、光泽的变化、反光的强弱等。天然翡翠原石一般色调艳丽自然，绿色的走向清楚，光泽强，反光亮，与周围部分呈渐变关系；而假原石色调灰淡，不自然，绿色的走向无规律，光泽弱，反光暗，与周围部分关系无过渡。

(四) 刻

用小刀、硬度笔或其他坚硬的工具刻划翡翠原石的皮壳。天然翡翠原石硬度较大，表面致密坚硬，刻之一般无砂粒脱落；假原石硬度较低，表面疏松质软，刻之有落砂现象。

除此之外，经过卖家的允许，也可以在绿色的开口处刻划，若是天然翡翠原石无划痕，而假原石绿胶表面会留下划痕。

(五) 敲

利用小玉块的棱角在开口处轻轻敲击。天然的翡翠原石结构致密坚硬，敲击声音清脆，声音在不同的部位相差不大；而做假的原石，特别是注色处理的原石，敲击声音空洞沉闷。敲击时应逐点敲击，尽量全方位观察。

(六) 触

用手摸触分辨翡翠原石的真伪。天然翡翠原石手感柔滑，晶粒无剥离现象；而处理的翡翠原石手感刺硬，晶粒有落砂现象。

(七) 泡

对于小块的翡翠原料可用热水浸泡，观察其表面是否有连续的气泡冒出。若气泡只是静止地附着在翡翠原石表面，则是天然的；若有气泡不断地从翡翠原石上冒出，则其可能经过粘合处理。

对于较大的不便浸泡的翡翠原料，可用水打湿，晾干时观察其干燥速度以及有无可疑的带状水迹。做假的翡翠原石皮壳干燥速度较慢，并会在表面留下水迹。

(八) 烧

用酒精灯、打火机烧翡翠原石，天然的翡翠原石无气味，不冒烟，不变色；人工处理的翡翠原石会出现异味，冒烟，变色等。或者用小刀刮下一些皮壳，放在炉子上烧或烤，用胶黏结的假皮会发出刺鼻的烧塑料的味道，若是用水泥黏结，烧后的皮壳会有滑感。

(九)滴

在翡翠原石的皮壳上滴上一滴水,有些做假的皮壳不渗水,水滴呈珠状停留在皮壳上,但是天然的翡翠原石皮壳则不会出现这种现象。

第四节 赌 石

"赌石"一般指翡翠的次生矿石,这些次生矿石是原生矿石经过风化作用残留在原地或经过自然力搬运一段距离后沉积下来的矿石。在搬运过程中,由于经过了风化作用,易碎易裂的部分已经剥离,所以留下的原石一般品质较好,质地细腻,往往呈近圆形或椭圆形的砾石状,并带有厚薄不一的皮壳。即使今天科学技术如此发达,也没有一种仪器能够穿透皮壳看清内部的好坏,所以有"神仙难断寸玉"的说法。

"赌石"在我国历史上早有记载,但并非指翡翠,而是"和氏璧"。传说两千多年前,在楚国有一个叫卞和的人,发现了一块璞玉,先后拿出来献给楚国的两位国君,两位国君均不信是一块宝玉,卞和因此先后被砍去了左右腿。卞和无腿走路,抱着璞玉在楚山上哭了三天三夜,后来楚文王知道后,派人拿来璞玉并请玉工剖开,果然是一块人间美玉,便将这块宝玉命名为"和氏璧"。这块宝玉后被赵惠王所拥有,秦昭王答应用十五座城池来换这块宝玉,可见其价值之高。宝玉后被雕成一传国玉玺,一直到西晋才失传。至今和氏璧的材质虽仍有争议,有说是和田玉,也有说是绿松石,但不管是何种材质,放到现在也都是一块"赌石",而卞和本人如能活到今天,也一定是一位"赌石"大师。

现今,"赌石"往往是指翡翠原石,翡翠与中国人的缘分始于明朝,盛于清朝。在清至民国年间,人们已经充分认识到翡翠的价值特性,据清代檀萃所著的《滇海虞衡志》记载:"玉出南金沙江,昔为腾越所属,距州两千余里,中多玉。夷人采之,撒出江岸各成堆,粗矿外获,大小如鹅卵石状,不知其中有玉,并玉之美恶与否,估客随意买之,运至大理及滇省,皆有作玉坊,解之见翡翠,平地暴富矣!"这就是现今"赌石"交易的历史起源。

"疯子买,疯子卖,一个疯子在等待。一刀切下是灰白,三个疯子哭起来;一刀切下是绿白,三个疯子笑起来;一刀切下是满绿,三个疯子打起来。"这是一首在赌石圈里广为流传的打油诗,其真切道出了赌石过程中的多变与刺激。"赌石"作为一种翡翠原石的交易方式是近十几年在中缅边境兴起的,并逐渐进入内地市场。一块带有皮壳的翡翠原石,谁也说不清楚里面到底是什么,只有解开后才能有定论。赌石商人凭着自己的经验,依据皮壳的各种外部特征,估算其价值。解开后若内部有品质较好的或高于预期的翡翠,称之为"解涨";若切开后品质较差或与预期相差甚远,称之为"解垮"。

"赌石"作为翡翠交易中古老的一种交易形式,从一开始就带上了浓郁的东方文化色彩,发展至今已成为一种玉文化,是中华玉文化最精华的组成部分。赌石的故事,可以说是一部包括了各民族气质、特性、生活、文化、经济、社会结构以及风土人情的巨著。

一、赌石分类

"赌石"根据其玉质是否外露以及外露的程度分为如下几类。

(一)明货

明货是指表面无皮壳,玉质全部或相当大的一部分外露的翡翠原石。明货既可以是原生矿石,也可以是剥去皮壳的次生矿石,其表层的颜色、水种一目了然,风险性相对较小,但是仍然具有可赌性,因其内部的品质可能会出现变化。

(二)暗货

暗货是"赌石"过程中最常见的品种,指有一层皮壳而看不到内部玉质情况的翡翠原石。

在暗货外皮上常有"天窗",或称之为"开门子"或"开口",是为了显示翡翠的质地或颜色,在皮壳上选择局部打磨或切除并进行抛光。开窗的位置非常重要,都要经过有经验的行家彻底研究才能决定。"窗"开在种水色好的部位,往往可以提高整块赌石的价值。但是通常情况下,窗口所呈现出的那部分往往就是整块翡翠中品质最好的,甚至是仅有的一部分,内部品质往往会发生较大变化。另外,窗口也可能是经过人为的做假处理,所以赌石过程中一定要谨慎。

根据是否"开窗"赌石又可分为如下两类:

(一)半赌料

"半赌料"是指在暗货的皮壳上进行"开窗",露出少部分的翡翠玉质,所露翡翠可以作为判断内部翡翠品质优劣的依据。

(二)全赌料

"全赌料",又称为"蒙头货",是指暗货翡翠的皮壳上没有进行过任何后期加工,无翡翠外露。全赌料具有较高的风险性。

(三)半明半暗货

半明半暗货(图4-1)是指带皮壳的翡翠原石被切开一半或一面,能够观察到

图 4-1 半明半暗货

原石部分玉质状况。这种赌石具有一定的风险性。

二、赌石方法

一块翡翠原石,人们会有不同的办法来判断其内部品质的优劣,行业内称之为"解"。具体的解法有如下几种。

(一)擦石

擦石是一种古老的解石办法,主要是针对一些无法找准绿色部位的翡翠原石,这些原石如果盲目切割,有可能会出现将绿色"解"跑的现象,从而导致其价值大跌。

擦石往往是为了找到翡翠原石中绿色的部位,在这个过程中通过强光照射擦口判断绿色的浓淡、走向以及深度。

(二)磨石

磨石即开窗,与擦石最大的区别是开口处进行了抛光,使人一眼可见窗口处的种、水、色。

(三)切石

切石(图 4-2)就是将翡翠切割开来观察其内部的品质,是赌石的关键步骤。

切石常见有两种方法:一种是最原始的切割方法,用弓锯缓慢地将石头锯开,在这一过程中遇到不能继续切割的情况时,随时可以采取挽救措施;另外一种是用玉石切割机切割,刀片上镀有金刚砂层,切割准确迅捷,但是石头通常被夹具夹着泡在油或水中,因此不易看到切割过程,只有在完全剖开后才能知道输赢。

切石的风险性较大,下刀时应找准部位,当切第一刀时不见颜色,第二刀或第三刀可能就会出现颜色,这就是所谓的"一刀切下是灰白,三个疯子哭起来;一刀切下是绿白,三个疯子笑起来;一刀切下是满绿,三个疯子打起来。"

有些赌石人,只要擦石或磨石见涨,就转手出让,让别人接着赌。这是因为接下来的切石风险性会加大,涨垮由此决定。所以行业内又有"擦涨不算涨,切涨才算涨"的说法。

图 4-2 切石

三、赌石轶事

从最初的卞和发现"和氏璧"到几百年前中国人与翡翠结缘,再到如今赌石交易的繁盛,一块块貌不惊人的石头里却蕴藏着一批又一批人的梦想。

"一刀穷,一刀富,一刀穿麻布。"这是赌石业流传至今的行话。一刀之间,生活和命运就此改变,它带给人们的可能是一夜暴富的激情,也可能是两手空空的迷乱。但人们始终难以抗拒赌石的神秘感和巨额的收益,义无反顾地选择了赌石行业。

在这个行业里,人们往往只奢谈成功,却很少提及失败,我们听到的多是如何发了大财,这也导致更多人对其的贪恋,致使赌石魅力不减,一个个关于赌石、关于翡翠的故事仍在上演……

(一)绮罗玉

清代嘉庆年间,腾冲绮罗镇有个玉商叫尹文达,从雾露河上带回一块花了大价钱买的石头,结果切开一看,里头呈灰暗的黑色,不见一丝绿,只好将其扔在马厩里当压稻草的石头。也有的说这块石头是其祖上早年从玉石场驮回来的,因其通身黑黝黝的,许多行家看后都判定是块最差的劣质料,尹文达的祖父便将它当块石头镶在马厩里。由于长时间马蹄的踩踏,经过一段时间后,这块玉被马踩蹦下一小片,小片看似黑乎乎的不好看,但是尹文达对光一看却发现这小片既翠绿又透明。

于是,尹文达请来当时腾冲最好的玉雕大师——原重楼来雕琢此玉。原大师冥思苦想了三天,决定把那块石头挖空,用它来做成一盏玲珑透亮的宫灯。此后用了一年的时间雕琢出了一盏灯笼。在正月十五的夜里,他在灯里点上蜡烛,挂到绮罗镇的水映寺,满月顿时为之失色,整个庙内都被映绿了,轰动了整个滇西。

尹文达想将这盏宫灯进贡给皇上讨个封赏,于是他将这个灯笼拿到大理,请镇南王帮忙进献皇上。镇南王一看这灯笼如此精美绝伦,起了私心。他对尹文达说:"好是好,不过不成双,进宫恐怕不合适,不如云南货就留在云南吧。"尹文达将此货留给了镇南王,镇南王从此就将腾冲翡翠的专营权特许了尹家。还有一说,尹文达携灯到昆明献给云南巡抚,巡抚给了他一个"土千总"的官职。

这块石头在做完灯笼后,细心的原大师又将余下的碎料切成薄片,做成九九八十一对耳坠,大都被滇中的王公贵族收藏。据说带着这种耳坠能将耳根映绿,搽脂抹粉后,红、白、绿三色交相辉映,熠熠生辉。至此,"绮罗玉"从此名扬天下。

根据今天遗留下来的标本,"绮罗玉"应该属于一种正绿色,玻璃种翡翠,其最大的特点是在满绿色的底子中有点状、块状的深绿色色根。目前,只有在帕敢场区才发现这样的玉种,开采时间较短,好料也较少,是当时的达官贵族极力追捧的珍宝。

"绮罗玉"的绿色浓度较高,以至于绿得发黑,当其具有一定厚度的时候往往容易被人们忽视,但是解成薄片后却是上好的品种,这与我们现在所见的老坑玻璃种是不同的。

(二)段家玉

民国初年,绮罗乡段家巷有个玉商段盛才,几代都是做翡翠买卖的,富甲一方。1910年前后,他从勐拱玉石场买回一批翡翠毛料,因为这批原料数量众多,库房已经放得满满的了,但是仍然有一块原料无处安置,因为这块原料不被看好,他就将其放在大门口旁,做了上马下马用的马蹬石,时间一长,就连他自己都忘记了这原本是一块翡翠原料,只当它是一块普通的马蹬石。

世事难料,数年后段家家道中落,家财所剩无几,就在全家上下万分焦急时,段盛才发现这块"马蹬石"由于长时间的踩踏,表皮已被磨掉一块,显出晶莹剔透的小绿点,于是段盛才慌忙拿去解磨,发现内部却是冰底飘兰花还带绿色上等的翡翠,他将这块原料出了64对手镯,其边角料做成挂饰,每对手镯价值数百万银元。

段家凭着这块"马蹬石"起死回生,后人将这块马蹬石做出的翠件称为"段家玉",尤其是以那每只皆为精品的64对手镯为代表,几乎人见人爱,价值也随之上升,"段家玉"的美名也随之传开,从此"段家玉"名扬中外,至今在瑞丽和腾冲许多店铺还打着"正宗段家玉"的招牌。

(三)寸家玉

提到赌石,就不得不提及腾冲的寸氏。寸氏的先祖寸玉靠着翡翠发家后,兴修水利造福和顺百姓,其后人寸仲猷、寸树声、寸海亭为和顺百姓办学堂、建宗祠、办图书馆更是声名远播,至今仍为人们称道。

寸海亭生于腾冲和顺乡,十余岁即赴缅经商。他开设的福盛隆商号主营翡翠,在缅甸和中国的昆明、上海、广州均设有分店,与同时代的腾商张宝廷并称为"翡翠大王"。清光绪十一年(公元1885年)英国占领缅甸,局势混乱,寸海亭奔走于曼德勒、仰光等地,联络闽粤华侨,会见英军统帅,要求约束官兵,保障华侨生命财产安全,英军方全部接受。从此寸海亭在华侨中威望渐升,被推选为云南会馆会长、中华会馆会长,英政府任命他为立法会议议员,英国女王先后派王储爱德华等人来看望他。

1919年,寸海亭在缅以3 500元购进了一个约百余两重的翡翠毛料。原主人不敢打磨,更不敢解之,怕打磨之后不见色而赔本。寸海亭仔细研究该石,选准地方磨之,开口处种、水、色均好,但他求稳畏险,不敢下刀切石,将其以12万元售出。买者将此玉切开,表里如一,属高档玉料,遂又将其以30万元出售。继得玉者,又将其制成珠子、戒指等成品,又赚若干万元。"好玉富三家","寸家玉"也因此得名。

(四)一刀切掉了50万,一块石头开启了一个噩梦

年逾50岁的胡续建看起来和其他普通中年男子一样,平静而无欲无求,要不是家里散落的几本翡翠专业书,任何人都不会把他和赌石、翡翠拉上关系。而事实上,胡续建一生的希望几乎都在一块小小的石头上,赌石成为他心中挥之不去的隐痛。

一个拳头大小的翡翠毛料,表面有一些乌黑的皮壳,切开的两边剖面上可以清晰地看到一片花白色中夹杂着点点绿。在灯光的照射下,石头内部仍是一片花白。就是这个石头,让他告别了翡翠行业,开启了一个噩梦。

当年,胡续建买下这块石头的时候,石头并没有切面也没有开口。凭着经验,他认为这块石头内部肯定是高档翡翠。交易很顺利,当时缅甸人开价80万,最后以50万成交,其中还有20万是东拼西凑的债务。上午买的石头,下午胡续建就和几个朋友研究并准备将其切开,"解石机停下,掀开解机盖的那一刻,感觉很复杂,不知道是因为害怕还是激动。当看到切开的石头一片花白,玉薄得像竹叶一样时,我当场呆住了。最后是怎么回的昆明,我都不记得了,梦游一样。"这是胡续建回忆

当时场景时说的。此后,他再也没有碰过赌石,靠些小打小闹的生意,好不容易才还清了债务。

"神仙难断寸玉,一刀就切没了 50 万",这就是行话说的"赌垮"。

(五)半边绿

20 世纪 90 年代初,广州珠宝商潘某在滇缅边境某地看中了一块别人都掉首不顾的翡翠毛料。根据自己多年的经验,对这块毛料仔细研究后,觉得虽然表面毫不起眼,但"外丑必内秀",是块好料。该毛料重 40kg,潘某按 250 元/kg 的单价购进,共付出 1 万元。

带着这块赌石回家后,潘某连饭都没顾上吃,便开动切料机,对准毛料拦腰就是一刀。谁知剖开后,两面都是白花花的,毫无绿色。他拿起其中的半块一连切了三刀,仍然连一丝绿也没有,气得潘某咬牙切齿地将剩下的一半踢到了屋角,再也没有动过。

半年后,潘某的一位老客户、香港某珠宝行的周先生来到潘家,看见屋角放着半块毛料,于是用脚踢了踢,感到沉甸甸的,随即蹲下细看,问潘某:"这块料卖吗?"潘某一声长叹,把实情原原本本地告诉了周先生,劝他不要买这半块料。可周先生执意要买,催促潘快点开价。于是两人经过议价,此半块料重约 22kg,以 900 元/kg 的单价,共计 2 万元成交。此时,潘某反而净赚了 1 万元,不禁高兴地对周先生说:"这可是你硬要买的,不能反悔啊。""绝不反悔!"周先生说:"让我当面碰碰运气吧。"边说边开动切料机,逢中就是一刀。两人顿时傻眼了,除原切面处有 2cm 厚的白瓤外,全是碧绿通透的上等翡翠,这半边绿至少价值 2 000 万元。两人一喜一悲,全都目瞪口呆。巨额的财富在屋子的角落蹲了半年之后,就这样与自己擦肩而过。于是这"半边绿"的故事成了赌石交易中最脍炙人口的传奇。

(六)大锤解玉

"大锤解玉"是指不懂翡翠赌石技巧的人,不知道"解玉"是用锯把翡翠毛石锯开,而用铁锤把翡翠毛石砸碎的外行人的行为。

有一位缅甸玉石场上的工人,用其所有积蓄共 8 万缅币买了一块蛋形黄砂皮毛料,毛料上布满了绿色的松花,遗憾的是在绿色的松花周围充满着黑黑的"癣",行话说"绿随黑走"。但是,癣又可分为活癣和死癣,此黄砂皮中的癣是死癣不是活癣,此挖宝工人不懂如何区分。正在发愁之际,遇上了一个财大气粗的朋友,这个朋友姓周,也很钟爱此毛料,口头出价 20 万缅币买下了这块黄砂皮,于是周先生转身走进工棚找出了一把铁榔头,他用铁锤朝着癣和松花密集的头部砸下去,阳俏绿的冰种翡翠出现了,是一块上等的翡翠毛料!围观的人中有人出到 300 万缅币。经过讨价还价,最终以 340 万缅币成交,被一个缅甸华侨买走了。

那个挖宝工人,除得到了 20 万元缅币的货钱外,又得到 80 万缅币的红包。但是,他还是感到非常的沮丧,埋怨自己为什么不敢用铁锤敲开它?

半年后,玉石场上传来了消息,用 340 万买走的那块带癣的黄砂皮毛料垮了。原来那个华侨为了卖更好的价钱,将此毛料带到佤城(缅甸最大的翡翠集散地,又称曼德勒)去解石,但是切开的翡翠布满了鸡爪裂纹,很难取出有用的料。原因很简单:"大锤解玉"把有用的石料砸裂了。最后此毛料以 16 万元缅币卖出了。

第五章 翡翠市场

近些年随着我国经济的迅速发展和人民生活水平的不断提高,翡翠交易数量越来越多,交易的金额也越来越大,市场范围也越来越广。消费者购买翡翠产品,不但可以起到装饰美化的作用,还可以有很好的保值升值功用。翡翠市场可简单分为原料市场、设计加工市场和成品市场,主要集中在中国、缅甸、泰国、日本及美国。本章详细介绍翡翠的市场分类及主要国家的详细的市场现状。

第一节 翡翠市场分类

翡翠市场可简单分为原料市场、设计加工市场和成品市场。

一、原料市场

目前翡翠的主要产地有缅甸、危地马拉、日本、俄罗斯、哈萨克斯坦等国家,其中95%以上商业级翡翠来自缅甸。

缅甸的翡翠原料禁止非法出口,每年通过举行多次公盘拍卖进行交易。翡翠原料包括"明料"、"暗料"和"半明半暗料",由购买者竞价,价高者得。由于翡翠独特的地质形成条件,赌性非常大,因此这一过程风险也很大。

翡翠原料从矿山中开采出来,往往要经过很多程序才被加工成工艺品。从原料的源头——缅甸矿山,就有传统的赌石市场,有赌"蒙头"料的,也有擦口再赌的,这是第一手赌石;大部分原料被带到了缅甸的公盘交易市场进行拍卖,这些原料绝大部分被中国商人购买;到了中国之后,广东、北京、云南、杭州和山西等地,尤其是广东、云南两省,如雨后春笋般地涌现出多个赌石市场或俱乐部。其中,影响力较大的有平洲翡翠公盘交易市场、盈江翡翠玉石毛料公盘交易市场、瑞丽姐告翡翠毛料交易市场(图5-1)等。

二、设计加工市场

翡翠的加工基本以手工作业为主,现今中国的玉雕大师已经积累了丰富的加工经验,创造出了一系列独到的工艺,不仅充分利用原料,还多方位地去表现大自

第五章　翡翠市场

图 5-1　瑞丽姐告翡翠毛料交易市场

然赋予翡翠的那种温润、含蓄的美，使之达到最完美的艺术效果。

"玉不琢，不成器"，可见玉的内涵及精神要通过匠心雕琢才能得以完整体现。翡翠也如此，其貌不扬的原石只有经过一系列的粗切、细切、剜脏去绺、设计、粗磨、细磨、抛光、上蜡等工艺程序，才能以美伦美奂的艺术品呈现在众人眼前。

中国玉雕技术经过几千年的不断探索与积累，在北京、扬州、上海、天津、广州、南京等地，相继成立了玉雕工厂，并形成了"北派"、"扬派"、"海派"、"南派"四大流派。

"北派"——京、津、辽宁一带玉雕工艺大师形成的雕琢风格，以北京的"四怪一魔"最为杰出。"四怪一魔"即：以雕琢人物群像和薄胎工艺著称的潘秉衡，以立体圆雕花卉称奇的刘德瀛，以圆雕神佛、仕女出名的何荣，以"花片"类玉件清雅秀气而为人推崇的王树森和"鸟儿张"——张云和。"北派"玉雕有庄重大方、古朴典雅的特点。

"扬派"——扬州地区玉雕所表现的独特工艺。"扬派"玉雕讲究章法，工艺精湛，造型古雅秀丽，其中尤以山子雕最具特色，碧玉山子《聚珍图》、白玉《大千佛国图》、《五塔》等，都被国家作为珍品收藏。

"海派"——以上海为中心地区的玉雕艺术风格，实际上经历了一个比较漫长的形成过程。19 世纪末 20 世纪初，国内大量人才涌入，这当中包括一批"扬派"玉雕艺人，这些艺人在上海特定的文化氛围中逐渐形成一种特定的风格——"海派"

风格。"海派"以器皿(以仿青铜器为主)之精致、人物动物造型之生动传神为特色,雕琢细腻,造型严谨,庄重古雅。代表人物"炉瓶王"孙天仪、周寿海,"三绝"魏正荣,"南玉一怪"刘纪松等人的玉雕,更是海内外艺术爱好者、收藏家众口交誉的珍品。

"南派"——广东、福建一带的玉雕由于长期受竹木牙雕工艺和东南亚文化影响,在镂空雕、多层玉球和高档翡翠首饰的雕琢上,也独树一帜,造型丰满,呼应传神,工艺玲珑,形成"南派"艺术风格。

三、翡翠的成品市场

翡翠成品的一级市场是批发市场,主要指广东的广州、揭阳、四会、平洲和云南的腾冲、瑞丽等地的翡翠市场。在这里,买家往往会对自己中意的货品进行问价,这时卖家会给出一个报价,一般情况下这个价格都高于翡翠的实际价值,也远远高于买家预期的成交价。买家经过一番仔细的判断,如果觉得此货品未达到自己的要求,则往往说此货不对桩,意为不是自己所喜爱;若觉得对此货品较为感兴趣,则会根据自己的经验还个价,通常这个价格也会低于卖家预期的成交价,但此时即便买家还的价已经超出卖家的心理预期,卖家也会说不够成本。接着买家和卖家就开始了艰难的讨价还价的过程,买家的经验、进货量的大小都会对价格产生较大的影响。在这里,卖家对熟客往往会报出与成交价较为接近的价格,而对于生客则是漫天要价,所以翡翠批发市场上的成交是对买家的实践经验最好的挑战,但是讨价还价不是随便的,这里也要遵循翡翠批发市场上的一些潜规则,对于不懂或者不想要的货品不要随便还价,而还了价的货品一旦卖家同意就必须要,并且不能赊账,即便后来发现买到价格过高的货品、处理品甚至假货也不能退货。

另外,翡翠成品的二级市场是指各省市当地的翡翠批发市场,价格相对于一级批发市场一般要高,不同批发商也有不同的批发模式,允许赊帐、调货、退货的情况比较多。

翡翠成品的三级市场就是翡翠的零售市场。在零售市场上,按照有无固定经营场所可分为有店铺经营和无店铺经营两种模式。有店铺经营主要分为百货商场的翡翠专柜,珠宝金店和翡翠专卖店(包括在各类珠宝城、珠宝市场、古玩城、古玩市场上主营翡翠的店铺),产品涵盖了翡翠高中低档所有品种,是翡翠零售的主要模式。无店铺经营包括拍卖会、直销和网上销售。传统的拍卖会以拍卖高档精品翡翠为主,民间直销销售一般是宝玉石协会会员间及翡翠爱好者之间的交易,交易的翡翠品质一般比较可靠,网上销售主要以低档翡翠为主。

按照翡翠商品价格制定的不同,翡翠零售可分为三种模式。第一种模式,统一标价,统一打折,这种模式比较便于管理,适合大规模经营。第二种模式,浮动价格,主要看消费者讨价还价的能力,这种模式比较灵活,相比于第一种模式更有竞争力,但不便管理,适合经营者自营。第三种模式,买方竞价,主要应用于拍卖会和网上销售。

第二节 典型翡翠市场简介

翡翠的市场主要集中于中国及缅甸、泰国、日本、美国。缅甸为翡翠的产地,主要市场为初级原料市场,其中90%的原料销售至中国,所以,中国目前是世界上最完善的翡翠市场。本节主要介绍各地翡翠市场现状,重点介绍中国及缅甸的翡翠市场。

一、中国翡翠市场

翡翠虽产自缅甸,但是90%的翡翠原料被中国内地买家买走,80%的原材料在中国内地加工销售,中国正逐渐成为全球主要的高档翡翠消费市场。

目前,国内翡翠市场已形成了产、供、销三级比较完善的市场,先后出现了一批成熟的、有特色的翡翠加工基地与交易市场,其中具代表性的有广东的广州、揭阳、四会、平洲,以及云南的瑞丽、腾冲,另外苏州、扬州、上海、北京这些传统的玉器加工基地也正在复兴,除此之外,中国的香港及台湾地区也是较为集中的翡翠交易中心。

(一)广东

广东是中国改革开放经济发展最快、水平最高的省份。在以广州为中心的翡翠市场,联结有著名的揭阳阳美翡翠市场、南海平洲翡翠市场、肇庆四会翡翠市场,并同时拥有多个翡翠加工基地和最大的翡翠原料集散地。

广东不仅具有地理优势,在有关政府的宏观指导和大力支持下,更重要的是翡翠行业具有系统的产业链,还有相对较完善的翡翠市场体系和机制,故被公认为中国翡翠之都。

尽管广东同与缅甸交界的云南相比,在原料来源上没有地理优势,也没有云南悠久的翡翠文化历史,但经过中国几十年改革开放的发展,广东早已取代云南成为国内翡翠业的龙头。广东翡翠产业主要具有以下优势:首先,具有完整的翡翠产业链,从原料到加工再到销售,各产业各具特色,相互补充;其次,大批的优秀的玉雕人才,除了揭阳、平洲、四会当地人才外,还汇聚了大批来自福建和河南玉雕人才,揭阳工也代表目前翡翠雕刻的最高工艺;再次,广东翡翠从业人员以股份制经营模式,在缅甸的原石公盘更具话语权,因此控制着更多的翡翠原料;最后,广东的贵金属及珠宝首饰加工业发达,深圳和番禺是国内最大的首饰加工基地,在广东省境内更有利于珠宝商们一站式采购。

广东的这些翡翠市场之间,既有密切关系,又有各自的市场风格和特点。

1. 广州翡翠市场

在中国懂玉的人,不可不提的是广州长寿路玉器街。据一位在玉器行业经营多年的老行尊介绍说,这条玉器街已有400多年的历史,一直以来是中国玉器商业中心。

广州现在的玉器市场就是位于广州长寿路附近的华林玉器街,它南起广州市商业步行街下九路的西来正街,北至长寿西路的新胜街,以华林寺前为中心,包括西来正街、华林新街、茂林直街、新胜街、长胜街等。街道两旁有近千个玉器珠宝档位,其中华林玉器大楼设有档位近400个,街内还设有临时摊档200多个,主要集中在华林新街、华林寺前街心的绿化长廊,这里囊括了广州玉器交易总量的90%以上,是全国闻名的玉器交易场所和集散地。

2. 揭阳阳美翡翠市场

阳美村位于美丽的潮汕平原中部,广东省历史文化名城揭阳市东山区磐东镇阳美路西侧,是一个集玉器加工、贸易于一体的玉器专业村,总面积近68 km^2,总人口3 000多人。

阳美村素有"金玉之乡"之称,该村还享有"中国玉都"、"亚洲玉都"的美誉,每年从缅甸开采出来的中高档翡翠原料75%以上流向阳美,国内中、高档翡翠玉器的90%出自阳美,今天的阳美村已是全国乃至亚洲最大型、最高档翡翠的集散地。阳美村发展传统玉器的产业历史悠久,至今已有100多年历史,在阳美,人们不仅把玉文化和经济紧紧地结合起来,打造了玉都品牌特色文化产业,它的产业发展也成为揭阳特色经济的一个亮点,大大地彰显了揭阳的文化软实力。

现在,阳美村已成为缅甸优质的翡翠玉料的最大客户,通常都有来自美国、新加坡等国家和中国台湾、香港、澳门地区及深圳、北京、广州、辽宁等地的上千名客商聚集该村从事玉器设计、加工贸易等业务。近年来甚至有缅甸人来到阳美长驻,加入阳美玉器加工贸易的队伍,因为他们认为只有阳美才能为玉料创造最大的价值。

更值得一提的是,阳美自2002年起每年10月21日至28日都举办中华阳美(国际)玉器节,通过玉器节的召开,充分发挥了阳美的翡翠品牌效应,并展示了以阳美为典型代表的揭阳玉器产业的整体优势和精湛玉雕工艺的独特魅力,这些都是国内一些翡翠市场值得学习的地方。

3. 南海平洲翡翠市场

平洲位于广东佛山南海区东部,现属南海城区范围,它地处广州、佛山、南海、顺德四市区的交汇地带,地理优势非常明显。平洲有直航香港的客货港口,邻近广州西环高速公路出口、广州地铁,广珠西线高速公路、佛山一环路跨境而过,水陆交通便利。

平洲翡翠玉器市场位于平洲平东村的平东大道。翡翠业形成于20世纪70年代中后期,起初零星商户散落于平东村各个自然村组内,自产自销。80年代逐渐形成平洲翡翠市场,90年代中期由政府统一规划,将平东大道建成为约1 000m长的翡翠玉器街,将零散分布的加工户集中进行规范化管理。30多年的努力使平洲翡翠业由家庭作坊式的经营发展成了拥有平洲翡翠品牌的地方经济支柱产业。

在平洲,翡翠的高中低档货品都有出售,而且主要是以手镯为主,产销量占玉器总量的60%至70%,可谓玉镯之乡。

除此之外,由于平洲优越的地理位置和市场优势,吸引了不少港澳商人来此经商,缅甸人也常常把原石运到这里开投,所以平洲也成为了翡翠原石的集散地。平洲珠宝玉器协会通过多方努力,得到缅甸第一手原料商的支持,绕开很多原料交易的中间环节,成功牵头组织了缅甸、云南原料商和本地、其他地区厂商之间的原料投标交易会。在这里,每月会举行数次翡翠原料投标会,每次开投都有数千人到场看石下标,场面十分壮观。

4. 肇庆四会翡翠市场

四会玉器市场位于四会市区,距广州约90km,距平洲约80km,以经营花草类(雕刻花草、人物图案、座件、玩件等)玉器为主,是四大市场中花件类最多的。这里的销售货品以低档货为多(当然其中也不乏精品和高档货),主要是雕刻类半成品,价格相对较便宜。

四会的市场由玉器街、玉器城和天光墟三个部分组成,其中最具特色的是天光墟。天光墟是一个玉器地摊集市,一般在早上三、四点钟开始,直至天亮散去,有近200个摊点在街边进行露天交易,由于天光墟时间很早,很多买家在四会买完货后,可赶回广州开铺。

(二)云南

云南省的西南两边,直接与缅甸接壤,山水相连,成为了翡翠从缅甸进入中国的重要通道。自古以来,翡翠由缅甸进入中国有两条通道,一条是从四川成都出发,经宜宾进入云南的昭通,经大理到瑞丽,从姐告进入缅甸的木姐、南坎到帕敢、再到中亚;另一条则从德宏盈江县铜壁关进入缅甸密支那帕敢翡翠产区,然后直抵印度、中西亚,形成了"南方丝绸之路"。当时,沿着这条"南方丝绸之路",马帮、象队大量贩运翡翠毛料,从明代至抗日战争后期的近500年的时间里,缅甸开采的翡翠毛料都几乎运入瑞丽、腾冲,接着兵分三路,一部分向东,经大理、昆明;一部分进入四川宜宾到成都,或从宜宾经长江运出,再远销内地和沿海;一部分运到东勐即泰国的清迈。

所以,云南在翡翠的贸易中占据了及其重要的地位,其翡翠贸易历史悠久,凡是销往内地及沿海的翡翠成品、半成品、原石,几乎都是由云南转口出去的。近十年来的统计表明,每年出省的原石为70%,成品为20%,宝石或半成品为10%。云南的翡翠市场,经过了多年的发展,逐渐形成了以昆明为中心,联结腾冲、盈江、瑞丽的翡翠原料和成品的集散地。

1. 腾冲

腾冲市位于云南省保山县西南部,距离全球唯一具有商业意义的翡翠产地缅甸仅有80多公里的距离。根据《徐霞客游记》记载,明朝始,腾冲已经成为缅甸翡翠交易的中转站,那时起,腾密路(腾冲至缅甸密支那),腾八路(腾冲至缅甸八莫)成为缅甸翡翠毛料运往中国的要道,在腾冲交易后再运往世界各地的交易市场。

腾冲作为翡翠加工和销售集散地已有五百多年的历史,得天独厚的地理位置和长久的经营加工环境使这里出现了不少世界级的翡翠行家和商家,所加工的翡翠玉雕首饰都是具有一定代表性的云南工,产品销往许多国家和地区,已经小有名气。

腾冲主要的珠宝市场有文星珠宝城(图5-2)、腾越商贸(珠宝)城(图5-3)、玉泉园、腾越翡翠城、百宝园、还有重新修建的腾冲珠宝玉器交易中心,都分布在县城内,交通便利。2005年8月,亚洲珠宝联合会决定冠名授予"腾冲·中国翡翠第一城"的品牌荣誉称号,既是基于腾冲在中国翡翠产业发展史上做出的卓越贡献,更是因为腾冲翡翠产业已展示出了不可限量的发展前景。

图5-2 文星珠宝城

图5-3 腾越商贸(珠宝)城

2. 瑞丽

瑞丽位于云南省西部,隶属德宏傣族景颇族自治州。瑞丽地势平缓开阔,无天然屏障,交通便捷,贸易兴隆,城市功能配套齐全,是中国大西南通向东南亚、南亚的金大门。

瑞丽与缅甸仅一江之隔,江对面便是缅甸的木姐与南坎。自20世纪90年代起,瑞丽市大力打造"东方珠宝城"的品牌,发展了5个专业的玉石珠宝交易市场,形成了原料、加工、批发、零售等一条龙产业链,吸引了来自中国、缅甸等国的商人在此从事玉石珠宝行业。

瑞丽珠宝街形成于20世纪80年代后期,90年代初瑞丽市政府开放了此地,姐告系傣语,意为旧城,中国云南省的最大的边贸口岸,是云南省瑞丽市的新经济开发区。它位于瑞丽市南4km,总面积1.92km²。东、南、北三面和缅甸的木姐镇相连,距木姐镇中心仅500m,是我国大西南地区通向东南亚、南亚的理想窗口和门户。2000年8月,国务院批准瑞丽姐告边境贸易区实行全国唯一的"境内关外"特殊监管模式后,瑞丽翡翠玉石集散地的功能迅速扩大,翡翠玉石交易活动日趋活跃。海关的统计数字表明,在缅甸年产的2万t翡翠原料中,约有6 000t流入我国,其中通过瑞丽这条"翡翠之路"进入的就占到了4 000t。姐告的玉城翡翠毛料批发交易市场,是瑞丽规模较大的毛料交易市场,来此交易买卖的商家有中国、缅甸、巴基斯坦、印度、尼泊尔等国的商人,一般瑞丽的翡翠加工厂大多都在这里买入再加工出手。

瑞丽的珠宝市场(图5-4),自兴起至今不到15年的光景,由于国家级口岸优越的地理位置和良好的管理模式,一直名扬海内外。瑞丽市场主要以翡翠的成品或半成品为主,原石交易不占主导地位。翡翠的加工制作不具有代表性,工艺水平不高,但是货品款式多样,新老混杂,种类齐全,但价格混乱,特别是假货鱼目混珠,使买者有喜有忧。

3. 盈江

盈江地处云南西南部、德宏州西北部,是一个山川秀美、资源丰富,地理位置独特,开发潜力巨大的边疆少数民族口岸县。

盈江距缅甸仅70多公里,地处腾冲与瑞丽之间,距腾冲90多公里,距瑞丽135km,虽然不在国道的主干线上,却是中国西南重要的陆路通商口岸,与缅甸北部盛产翡翠玉石的克钦邦一衣带水山水相连,古代南方丝绸之路和著名的史迪威公路就经过盈江直贯缅北进入南亚,是中国距缅甸翡翠毛料基地玉石场帕敢最快捷方便的口岸。

盈江翡翠市场的特点是缅甸商人居多,以翡翠原石交易为主,其交易形式是卖家把翡翠原石交商号保税库,由商号牵头招来买家看货议价,成交后再由商号报关

图 5-4 瑞丽翡翠交易市场

纳税,买家办理手续完毕后才能允许起运,否则其他交易方式均属不合法。

4. 昆明

昆明的翡翠交易形式大致可分为三种,一种是以国营或集体经济为主,比较规范,货源充足,品种齐全,货真价实,代表着昆明市场的主流;一种是以固定摊点及小商店的个体经营为主,他们除经营新老品种翡翠外,还兼营古玩古董、书画瓷器、旧式家具等,生意比较多样;还有一种是属于潜在的流动市场,这类经营者没有定点摊位或店堂,常常靠信息和邀约进行交易,多以翡翠原料或半成品送货上门。

昆明目前比较突出和集中的交易场所有以下几处。

(1) 联贸翡翠批发城、老滇翡翠城、锦华翡翠城及周边的翡翠商场。这里可以说是昆明最大的综合翡翠商场,价格从各方面综合来说相对较低,可以随便讲价。品质好、中、低、差都有,而且以中档或中低档居多。

(2) 云南地矿珠宝交易中心。这里的翡翠是云南地矿局下面的珠宝购物中心,品质相对不错,质量有保证,可是价格也较贵,而且基本不讲价。

(3) 景星珠宝花鸟市场。这里的翡翠品质较好的居多,由于都是个体商户,价钱可以商量。

(4) 昆百大珠宝交易中心。它位于昆明中心黄金地段,是昆明百大集团下面的企业,各种珠宝都在经营,翡翠也有,其品位和品种显出高档次和多种类的现代气派。这里是中国宝石协会规范经营的定点单位,销售翡翠具有鉴定书和优惠卡,体现了云南市场的发展和规范化,标志着云南市场走向了成熟和完善。

(5) 七彩云南。位于昆明至石林公路旁,距昆明 12km。它是昆明七彩云南实业股份有限公司的简称,由诺仕达企业集团投资兴建的集旅游、休闲、观光、餐饮和购物为一体的大型综合性旅游企业,占地 36 000m^2,中间是许愿池,南、北、西三面环池而立的分别是庆沣祥茶庄、翡翠珠宝商城、工艺品馆、土特产馆、名药馆、植物精馆和怡心园。这里的翡翠各种品质都有,明码标价,有专业的质量保障,一般是旅行团常去的场所。

(三)北京

北京是中国的政治、经济、文化中心,又是文明古都,翡翠的销售占尽天时、地利、人和几大要素。近年来,随着人们生活品质的提高,翡翠的销售也逐渐走旺,销售市场也越来越具规模,较成熟的翡翠销售市场如下。

1. 北京国际珠宝城

北京国际珠宝交易中心,也常叫作"小营国际珠宝城",总面积 4 000 多平方米,因坐落于北京亚运村惠新东桥小营地区而得名,是京城规模最大、人气最旺的翡翠成品销售基地。

2. 北京菜市口百货股份有限公司

该公司已推出"菜百翡翠缘"品牌,并专门开辟了"菜百翡翠缘文化推展区",在销售翡翠的同时,向消费者普及翡翠鉴定及质量评价等方面的知识,使消费者放心购买,深受广大消费者的欢迎。

(四)香港

香港是世界翡翠生产和销售的中心,以其翡翠首饰的典雅精致,设计新潮,工艺高超,一直领先于世界最高水平。

在香港,珠宝金店比比皆是,高楼商场中无处不在出售翡翠。凡是熟悉香港翡翠市场的人,都知道九龙广东道有条不足 200m 的"玉器街",街上的翡翠店铺一家挨着一家,这里的翡翠物件大多质地上乘,做工精细,档次分明,价位相当。在这里经营翡翠玉器的商人,大多是家族联手,世袭相传,识货能力强,经验都比较丰富。这里的物件标价,常常与实际成交价差别较大。卖主根据不同的客户,不同的成交方式,可以按质按量地提供 50%~90% 的优惠,其利润一般都在 40%~50% 之间。除了店铺里经营者外,街道上还有不少做翡翠的游动商人,从早到晚都在唱买唱卖,热闹异常。在小街的北端,另外搭有两个大棚,内设 200 多个简易摊位,经营低档的玉器首饰。

香港九龙是珠宝首饰制造厂云集之地,仅在民俗街就集中了大大小小的厂商上百家,著名的谢瑞麟珠宝总部等一些机构就设在这里。而翡翠的加工主要以手工制作为主,出口至美国、日本、瑞士、德国和中国台湾地区等。由于全球经济出现衰退,近年来香港人将工厂逐步移向内地近 60 多家,加强了中低档首饰的竞争力度,把出口转向了亚太地区和欧洲,开辟了印尼、马来西亚等新的市场。

(五)台湾

台湾是全球珠宝翡翠消费最高的地区,年平均每人的珠宝消费为1 800美元,居世界之首。台湾人酷爱翡翠,对中国制作的翡翠首饰和玉器有着特殊的感情。正如台湾丘先生说:"台湾珠宝市场上的宠儿是'翡翠',全世界极好品质的翡翠首饰,都向台湾兜售,没有一家珠宝店不卖翡翠首饰。香港、广东的玉石市场,每天都有不少的台湾人在那儿寻求合适的玉货"。

台湾珠宝店的品种,翡翠是主要的,无论何种档次及品质的翡翠,在台湾都能找到市场。特别高档的翡翠物件,在台湾的则不多,一经出现便是抢手货。历届苏富比拍卖会上的翡翠制品,几乎都被台湾人抢购而去。

二、缅甸翡翠市场

缅甸为缅甸联邦的简称,西南临安达曼海,西北与印度和孟加拉国为邻,东北靠中华人民共和国,东南接泰国与老挝,是东南亚国家联盟成员国之一。

缅甸是世界上唯一一个具有商业开采价值的翡翠产区,市场上95%以上的翡翠产于缅甸。现在缅甸政府为了大力保护本土资源,极力禁止翡翠原料出口,只允许持有发票的翡翠成品出口,所以在缅甸聚集了大量的高档原料。

缅甸的翡翠市场主要是初级原料市场,主要集中在帕敢、仰光和曼德勒,销售分为原石和成品销售。帕敢主要是翡翠原料市场,而仰光和曼德勒的玉石交易市场既有原料又有成品,其中曼德勒是全缅的中心市场,主要以中低档翡翠的交易为主。

(一)帕敢翡翠市场

帕敢,位于缅甸北部雾露河上游西岸,也是最著名的、开采最早的翡翠产地。从腾冲出发,越过中缅边境,经密支那,往南约100km即可到达帕敢。

由于这里是翡翠的出产地,大部分的翡翠交易市场都是以原石交易为主,位于老帕敢内,其街区长约100m,交易主要以一些中低档的小毛料为主,也有少量的戒面、片料等,交易规模不大。帕敢政府设有专业的翡翠评估机构,对要进行出售的翡翠进行估价,然后就地上税,这也就导致了老帕敢翡翠市场的一些大宗商家逐步移至曼德勒,使曼德勒成为了缅甸最重要的翡翠集散地交易中心。

(二)仰光翡翠市场

仰光素有"和平城"的美称,是缅甸联邦的原首都(2005年迁都内比都)和最大城市,位于仰光河河岸,伊洛瓦底江三角洲,是缅甸的政治、经济、文化中心,而仰光的翡翠交易以原石的交易著名,俗称"公盘"。

公盘,是指卖方把准备交易的物品在市场上进行公示,让业内人士或市场根据物品的品质,评议出市场上公认的最低交易价格,再由买家在该价格的基础上竞买。从某种意义上来说,它只是"拍卖"交易方式的雏形,但是两者还是存在一定的差异:公盘只是把准备交易的物品公示于市场,不需对该物品进行鉴定、鉴别,而拍卖则必须由专家对物品进行分级鉴定,达到一定等级或具有一定价值的物品才能成为拍卖品;公盘物品只是由业内人士或市场公议出其底价,而拍卖品的底价则由专家科学评估议定;公盘完全依靠市场规律进行运转,而拍卖必须由有资质的拍卖机构、拍卖师来组织进行。

公盘由缅甸中央政府矿产部直接管辖,公盘地点位于缅甸珠宝交易中心,距仰光城区约25km。每次公盘的时间最短5~7天,最长12~14天,以欧元进行结算。

公盘的供货商是由缅甸政府核准拥有翡翠玉石毛料开采权、经营权、加工、运输、中介服务等权益并领取正式营业执照的缅甸籍国营或私营珠宝贸易公司。竞买商的邀请:一是由缅甸各级政府邀请;二是由缅甸各级珠宝协会邀请;三是由缅甸珠宝贸易公司邀请。后两种邀请方式必须由邀请方以担保的方式上报组委会审核同意。竞买商凭以上邀请方的邀请函办理进入公盘场所的手续。若无邀请函,竞买商必须由缅甸珠宝公司担保并向组委会缴纳1 000万元缅币/人的保证金方能申请办理入场手续(公盘结束后,如数退还给竞买商)。

公盘之前,所有的翡翠原料由工作人员编号,注明件数、质量和底价,这时的底价一般都较低。所有的翡翠原料公开展出两三天,竞买商可对每一件原料进行仔细观察,挑选自己需要的原料,评估其价格,确定最佳的投标价,投入投标箱中。

公盘的投标分为明标和暗标两种形式:

明标就是一种现场拍卖,竞买商全部集中于交易大厅,由公盘工作人员公布原料的编号,由竞买商进行轮番投标,但竞标价不公开。由于这种可以看见每块原料的竞标商,所以称之为"明标",这种竞标方式可以追投标书,而且对竞标商的心理也是很大的考验,现场气氛紧张激烈,近几年得到竞标商的青睐。在每次公盘中,明标一般不足整个公盘的1/5。

暗标是指竞买商看到自己需要的原料后,在竞标单上填好竞买商的编号、姓名以及原料的标号和竞买价,并将其投入标箱中,由于竞买商不知道彼此之间的竞买商和竞买价,故称之为"暗标"。揭标时,挑选竞买价最高的竞买商达成交易。这种投标方式对竞买商也是一种考验,价高了会亏损,价低了可能会拱手相让自己需要的原料,所以在公盘时常常出现由于竞标价低了几元或几十元而失去可以赚几百万元的翡翠原料的事。在每次公盘中,暗标占了一大部分,约为竞标物的4/5。

(三)曼德勒翡翠市场

曼德勒是缅甸第二大城市,位于缅甸中部偏北的内陆,因背靠曼德勒山而得名,是几个古代王朝曾经建都的地方,也是华侨大量聚集的城市。又因缅甸历史上著名古都阿瓦在其近郊,故旅缅华侨称它为"瓦城"。

在巴利语中,曼德勒称为"罗陀那崩尼插都",意为"多宝之城"或"聚宝之城",但是曼德勒本地并不产珠宝玉石,只是由于它位于缅甸的中部,坐落在伊洛瓦底江河畔,不仅距离缅甸北部的翡翠等宝玉石矿区很近,而且又是南北水陆交通的中心。故而成为缅甸翡翠的重要集散地。

曼德勒的翡翠交易市场(图5-5)位于城区西边,于1999年由隆肯歪、交歪、乃蒿歪三个初级市场合并为一个面积2万 m^2 的大型交易市场,该市场封闭治理,外国人进内需交纳1美元的进场费,一般日客流量在5 000至8 000人之间。一般分成翡翠戒面区、手镯区、毛料区、片料区、加工区以及雕件区等。

整个市场的货品普遍属于中下档次,加工质量一般。在市场内,有一排排木质的大棚,棚内有桌子和凳子,进货者一般都是坐在桌后,摆上自己想要货品的种类,如手镯、戒面等,卖货人将其有的货品递上供其挑选,若货品对"桩",经过一番讨价还价成交后,棚主根据成交价对卖货者进行一定比例的提成。市场中的货品鱼目混杂,有天然的翡翠,也有B货、C货,甚至有时还有镀膜翡翠,交易完全凭买家经验,特别是有新面孔进入市场后,各色货品齐上,这是对买家翡翠鉴赏能力极大的考验。

图5-5　曼德勒翡翠交易市场

真正好的翡翠货品一般不会在这个市场上成交,好料多聚集在有背景、有实力的大公司手中,主要有金固、双龙、红宝龙等,这些大公司在帕敢一般都有翡翠矿山,同时也代理一些其他翡翠商人的原料营销业务。这几家公司一般都有自己的看料室,一般凭买家以往的交易和爱好展示原料,原料一般无假,但是价格需要自己界定。

除此之外,曼德勒也有一些散落在郊外的个别交易市场,这里一般都是一些小的玉石商家,在矿上得到一两块原料,不愿通过大公司做代理,就自己在行业内部寻觅买家，由于免除了税收环节，原料价格一般偏低，但是这些没有通过正规渠道获得的翡翠原料，缅甸政府是不允许出境的。

三、泰国翡翠市场

泰国由于其境内宝石蕴藏量丰富，珠宝业历史已相当悠久，而其翡翠市场主要集中在清迈。清迈是泰国第二大城市，是清迈府的首府，也是泰国北部政治、经济、文化的中心，其发达程度仅次于首都曼谷。市内风景秀丽，遍植花草，尤以玫瑰花最为著名，有"北国玫瑰"的雅称。

清迈借着毗邻缅甸的地理优势，近年来大力发展翡翠贸易及珠宝加工业，获得了巨额利润，由极为贫穷的不毛之地，转眼成为举世闻名的翡翠交易中心。现今已具有繁华城市的规模，道路畅通，机场宽敞，十大珠宝公司高楼拔地而起，旅店和餐厅更是无处不有。而且，泰国政府把旅游和珠宝产业联结并行，豁免了一切珠宝原料及机械进口税收，出口税收也只在 2%～3%。凡是到这里做翡翠生意的人，都能受到周全的接待，买卖即时，旅游玩乐，使人舒心愉快，优良的环境和低的税收使这里长期云集了大量的中国香港、中国台湾、中国大陆、缅甸、新加坡商人。

据不完全统计，泰国约有 160 万人从事珠宝开采和加工，大小公司和工厂数千家，其中 200 人以上的工厂有 27 家，100～200 人的有 260 家，几乎是遍布泰国的大街小巷，有泰国人居住的地方就有经营珠宝的人。无论是曼谷和清迈，都已经形成了开采、原料交易、加工首饰、镶嵌制作、批发零售的明确分工，各个项目之间紧密合作，形成了任何一个实体只做单项的一个工作，认真细致，产品达到完整统一的流水作业。

四、日本的翡翠市场

日本人对翡翠的选择很讲究时令性，若在款式和价格面前，他们宁可购买高价的新款式，而不愿买价格便宜的过时产品。求丽、求新、求奇几乎形成了日本人购买翡翠饰品的一种共同特性。因此，日本的翡翠设计和制作总在不断地更新和变换，从而使日本的翡翠市场十分活跃。

近年来，随着日本整体经济不景气，翡翠市场出现疲软，整体销量下跌了五成以上，而且整体档次下降，主要集中在中档或中低档的翡翠饰品。

五、美国的翡翠市场

翡翠是东方的宝石，一向以华人市场为主，其中包含了中国人的儒家文化，以感性及精神为依托。但是近几年，随着中美贸易范围的不断扩大，翡翠逐渐走入了美国人的生活。在美国，翡翠的消费群体除了一些华人外，也发展了一些上层社会人群,主要以富人、政治家、明星为代表,往往需求时尚、设计精致的高档翡翠饰品;另外还有一些中下层社会消费群,他们对翡翠的认知较少,往往是将翡翠作为东方文化的代表之一,选购一些低价的设计时尚的饰品,对翡翠是否属于天然并不介意。

总的来说,美国还是一个尚待开垦的翡翠新大陆,随着当地人对中国文化以及翡翠认知的加深,翡翠应该会有一个更加广阔的市场。

第六章　翡翠玉雕工艺

第一节　玉雕工艺发展史

　　玉雕工艺是中国艺术独特的工艺表现形式,具有悠久的文化历史和时代艺术特征。在不同的朝代中,玉雕工艺有着不同的工艺手法、造型与特色。在出土的各种雕琢的艺术品中,玉雕作品具有特别的艺术魅力。从艺术角度而言,除了各种各样的装饰品外,以玉雕人物、玉雕动物和玉雕礼器最具艺术价值,也最有当时雕刻技艺的艺术象征。

　　中国玉雕艺术发展了千年的历史文化,创造了奇妙无比的艺术精品。古语有"玉不琢,不成器"之说。所以说,每块翡翠玉石经过琢玉人的巧妙构思设计和鬼斧神工般的雕琢,都将会成为一件精美绝伦的艺术珍品。中国琢玉工艺经过几千年的发展,以精湛的玉雕技艺和优美的造型著称于世,成为世界上独有的瑰宝,享有"东方艺术"之美誉。琢玉大师们用自己的构思,把玉料的形状、玉质、颜色与工艺技术、传统文化融于一体,琢于一体,琢成的玉器精品已经成为中国文化的传承之宝。

　　随着经济生活改善和人类审美能力提升,精神生活的要求也随之提高,装饰工艺便产生了。首先,人们在工具上进行加工装饰,有动物形、几何形,通过这些装饰再现了劳动者的喜悦感情。后来逐渐过渡到纯粹的装饰品的制作。而当人类发现了玉石,由于其特别的色彩和光泽,被视为宝物与珍品而加工成装饰品。慢慢人们对玉产生了偏爱,形成了在这方面的审美观念。在玉器加工也有了独立的生产机构和从业人员,并且能够熟练掌握其玉雕雕刻手法。所以说玉器制作技术是人们在几千年的石器制造过程中积累了丰富的经验而后产生技术上的飞跃,是玉雕工艺长久发展的产物。

一、新石器时代——玉雕造型萌芽时期

　　中国玉雕工艺的历史非常悠久,在7 000多年前的辽河红山文化、山东大汶口文化、太湖流域的良渚文化中可以看出,中国玉雕工艺的序幕正式揭开了。

　　玉雕艺术的萌芽产生在新石器时代,是因当时农业的发展扩大了人们对耕种

农作物的需求,从而推动了劳动工具——石器制作的发展。石器在这一时期有了显著的类型区分,涌现出了用于不同劳动的各种工具,有石刀、石斧、石锄、石锥、石纺轮、石磨盘等。在制造石器时,人们常常将玉石和其他石头混在一起,直到发现了玉石的质地坚硬而美丽,才加以珍惜,逐渐将它作为装饰品的材料,并且雕琢成各种题材的艺术品。因此,可以说玉雕是从石雕分化出来的。

在此时期中,随着经济的不断发展,人类生活有了初步改善。这一时期,人们对色泽润滑、材质坚硬的玉石进行了雕琢,仿照劳动生产工具制成了玉雕作品。在新石器玉雕工艺文化中,良渚文化遗址就发现有一批玉器,玉石作品有玉斧、玉铲(图6-1)、玉刀等。考古学界一般认为玉璧是石斧演变来的。在新石器时代,石斧主要是男子使用的生产工具,而玉璧代表男性、阳性,它的雏形又类似于环形石斧。例如圭和镇圭的原型都是工具,圭的原型是石斧,镇圭的原型是石刀。璧、环、

图6-1　商代玉铲

瑗中间都有一孔,据说是自原始纺轮或环形石斧的模仿(朱狄《艺术的起源》)。因此,可以说玉器和石器同是人类最早的劳动工具。《越绝外书》中说:"黄帝之时,以玉为兵。"较多的玉雕有玉斧、玉铲、玉刀,以生产工具为主;形态简单的玉璧、玉璜、玉珏、玉珠,以岫玉为主。

二、夏、商、周、春秋、战国——玉石工艺时期

在这段时期中,古代玉器出现了祭天玉璧、祭地玉琮、封官爵玉佩、传令玉圭等,以玉石佩饰的艺术品出土较多,它属随身佩戴装饰玉品,也属于礼品。夏朝的玉雕工艺风格是红山文化、良渚文化、龙山文化玉雕工艺向殷商玉雕艺术过渡形态的呈现。商朝出现了玉鸟佩、人兽佩等。商朝制作玉器有着不断的发展,雕琢工艺的水平也达到了一定高度,尤其到了商朝晚期玉器雕琢工艺得到了进一步的提升,例如三星堆晚商祭祀坑中曾出土了长近1m的大璋和直径80多厘米的璧。春秋战国时期,礼仪用玉沿袭了西周的做法,动物佩饰有所减少,柄形饰也基本消失,取而代之的是组合式的复合佩饰。这种组合玉佩盛行于战国时期,纹饰华丽、雕琢精

细。战国时期的组合玉佩最具有代表性的作品是湖北曾侯乙墓出土的镂空挂饰玉佩(图6-2)。该玉佩由五块玉琢成十六节而组成,通长48cm,各节由活环连接,可卷可伸。玉佩采用阴线刻、透雕、浮雕等多种雕琢手法,刻出龙纹、凤纹、谷纹、云纹、螭龙等,造型生动,极具动感。

三、汉、唐时代——玉雕装饰发展时期

汉代是中国玉雕工艺蓬勃发展的黄金时代,结束了商周为代表的古玉发展阶段,奠定了中国玉文化的基本格局。从汉代开始,人们大多重视玉料的选择,尤为欣赏白玉,从而白玉入于中原,为汉代玉雕工艺奠定了物质基础。汉代玉雕工艺既有清闲自由的特点,同时也具有典型的雄浑豪放、气势昂扬的特征,并且出现了礼玉、葬玉、饰玉、陈设玉4大类产品并驾齐飞的局面。

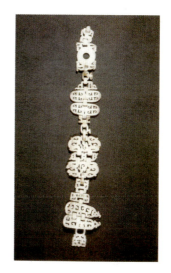

图6-2 曾侯乙墓出土的镂空挂饰玉佩

汉代玉雕在工艺上,常以装饰雕刻形式中阴线勾勒的工艺为主,线条优美精致,起到很好的表面装饰效果。而且,汉代玉雕对采用"隐起"和"镂空"的雕刻工艺手法也非常娴熟和普遍,高浮雕和圆雕也有多处采用。玉雕工艺设计打破了以往的对称传统风格,充分发挥主观想象,内容丰富多样。粗细线条并用是汉代玉雕的特征,由阴线刻演变成游丝毛雕是汉代玉雕的重要标志。古人赞扬汉代玉雕工艺是"汉人琢磨,妙在双钩,碾法婉转流动,细入秋毫,更无疏密不均交接断续,俨如游丝白描,毫无滞迹"。在汉代,抛光的技术也有了很高水平,如玉衣片等玉器表面打磨得光洁如镜。

汉代玉雕作品中大量采用镶嵌技术,如金镶玉、玉镶金等工艺。纹饰主要有几何纹和动物纹,几何纹有谷纹(图6-3)、蒲纹、涡纹、云雷纹、丝束纹等;动物纹有龙纹、凤纹、兽面纹等。汉代玉器可分为礼玉、葬玉、饰玉、陈设玉4大类,最能体现汉代玉器特色和雕琢工艺水平的是葬玉和陈设玉。西汉

图6-3 玉器谷纹图案

图 6-4 窦绾金缕玉衣

的"金缕玉衣"(图 6-4)是 2 000 片岫岩玉连缀而成,汉代咸阳出土的"汉玉马"也是一件珍品。

唐代佛教文化影响着玉雕艺术的发展,其礼玉和葬玉形式已不再流行,装饰玉器和使用陈列玉器占主导地位。唐代玉雕大师们从绘画、雕塑及西域艺术中吸取艺术文化养分,琢磨出具有盛唐风格的玉器。唐代玉器的品种有玉带、玉钗、玉簪、手镯等首饰玉饰,装饰形式的玉有飞禽、走兽、人物等。具有唐代特色性的玉雕艺术为"玉飞天",主要是因佛教影响,唐代雕琢"玉飞天"一般上身裸袒,身披飘带,下身紧贴腿股的长裙,体态丰腴,庄重娇美。其身下镂雕线条流畅、飘逸的云纹或卷草纹,有的手持莲花。唐代玉雕的人物、动物注重写实、精炼和传神,以浮雕、圆雕雕琢外形,以短粗密集阴线刻划细部。纹饰雕刻细腻、活泼,刀法劲放有力,植物纹大量涌现,多为莲花纹和草叶纹。云纹也多采用多云纹,有流动之感,这与佛教思想有关。

四、宋、辽、金、元时代——玉雕飞跃发展时期

宋元时代玉雕工艺已经达到了质的飞跃,宫廷中设有"玉院",已有浅磨深琢,浮雕圆刻。宋代玉雕工艺主要采用镂雕和圆雕,装饰题材多见花卉、飞禽,多以阴线刻划。宋代玉器中多有寓意吉祥长寿、多福的作品。童子玉雕非常典型,雕法简练扼要,多采用明快的阴线和弧线勾勒出五官、手足、衣纹等细部特征。

辽、金玉器较少,但制作工艺与宋代玉雕工艺相比毫不逊色,既有宋玉雕工风格,又有民族传统艺术表现。辽、金雕琢采用镂雕和阴线刻划,玉佩上端为长方形透雕绶带形玉饰,在鎏金银链下系五坠,分别是双龙、双凤、双鱼、鱼龙和莲

图 6-5 辽、金时代

鱼。辽金玉器的整体造型协调美观,具有代表性的有"春水玉"、"秋山玉"。春水玉(图6-5)是反映辽代贵族春季进行围猎时,放海东青捕猎天鹅场景的玉雕作品。春水玉通常采用镂雕来体现水禽、花草,风格写实,具有强烈的民族特色。造型多呈厚片状,多数作品比较注重单面雕刻,风格粗犷、简洁。秋山玉(图6-6)是描绘辽、金、元贵族秋天在山林围猎的场景,一般采用镂雕工艺雕琢

图6-6 源自中国古玩网

山、林、虎、鹿等自然画面,风格写实。秋山玉多以虎、鹿为主要表现内容,辅琢以山石、林木,或单面雕,或双面雕,虎多作蹲状,鹿多作奔驰状。树木中多以东北多见的柞树作为表现题材,虎、鹿穿行其中,场面异常活泼、生动,情趣盎然,具有浓重的中国北方乡土气息。总体说来,秋山玉镂雕的层次多,物体形象生动,风格鲜明。

元代玉雕工艺吸取镂雕和圆雕技艺的精髓,并采取起突手法。其玉雕多选用狩猎题材进行装饰,作品具有塞北的风格。其图案纹饰主要有花鸟、山水、蟠螭和龙兽等。元代玉器中最典型器物是元朝开国元勋忽必烈在开国大典宴请群臣盛酒用的"渎山大玉海",它是一件巨型玉雕作品。

五、明清时代——玉雕盛行时期

玉器工艺发展到明清时代,其玉雕工艺逐渐摆脱了唐宋时代玉器以造型和神色取胜的影响,追求玉石的玉质和雕刻的精美程度。明末宋应星所著《天工开物》记载,"有良玉虽集京城,工巧则推苏州",明代苏州玉雕艺人陆子冈最有名,发展了"刀刻法"以及"连环会"制作工艺,创作了各种阴阳浮雕于一体的玉雕工艺制品,得到朝廷的赏识和玉雕界的佩服,至今仿者不断,是收藏家梦寐以求的珍品。清代玉雕工艺已达到高峰,宫廷设有玉器造办处,督办玉料。而且,宫廷中御用玉器极多。

在明清时期,最具有代表性的工艺为"山子雕"工艺和"两明造"透雕工艺。"山子雕"工艺主要是在外形呈不规则的翡翠原石上,或在各种山石形状的石料上,经过精心的

图6-7 明代山子雕

构思,以各种人物和诗词典故为内容,施以山水、花草树木、飞禽走兽,用圆雕、浮雕、镂空雕的方式制作的立体画面。这种形式的玉雕作品叫"山子雕"(图6-7)。其造型浑圆典雅,给人以赏心悦目的视觉效果和美的享受。

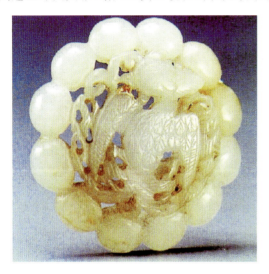

图6-8 清代两明造

清代是中国玉雕发展史上的鼎盛时期,俏色巧雕技术也取得了卓越的成就。清朝学士谢梦在《金玉琐碎》中收录了9件巧色玉雕作品,如老君骑牛像、兰花和切开的西瓜等,用料用色均各具特色,神形兼备,这说明清朝的俏色巧雕技术已达到了炉火纯青、收放自如的地步。"两明造"(图6-8)透雕工艺的艺术表现是在清代中期出现,并得到了快速发展,在许多的中式建筑中应用广泛。"两明造"透雕的艺术表现为正反两面透雕出两层各不相同的纹样,两层中间完全透开,以四周边缘相连为一个故事整体。其纹饰形式为镂空表现,正反面相互交融又有错位表现,互相掩映,巧妙奇特,难度较大,做工精细。

六、近代——玉雕多元化鼎盛时期

近代玉雕已经成为玉雕工艺的顶峰时代,呈现出许多玉雕大师的玉雕作品,品种繁多,做工精湛,被誉为"东方瑰宝"。潘秉衡老先生的佳作有"珊瑚黛玉戏鹦鹉"、"俏色玛瑙宝蚌佛"、"珊瑚六臂佛锁蛟龙"等。玉雕"怪杰"王树森的玉雕有三绝:一绝是艺术精品,料、工、艺三合一;二绝是善用俏色;三绝是思路广泛,做工精湛。他的名作有"珊瑚观音普渡"。近代中国玉雕师很多,雕工技术也很好,但是在表现艺术高精上的人还是较少。在近代国内玉器雕琢水平高的地区主要是广州、苏州、扬州、北京等地,雕琢出的许多玉器精品在造型神态上十分传神。

近代玉雕文化具有多元化形式,并结合传统玉雕文化和现代市场需求进行创新设计。近代的玉雕已经从传统玉雕向现代玉雕转变,并由国内市场推向国外市场,让更多的人了解和喜欢玉雕作品及玉雕文化。

总之,自新石器时代延续7000多年,玉雕工艺能长久盛行,这也与人们生活有着紧密联系。玉已经深深地融合在中国传统文化、礼俗与佛教文化之中,发挥着其他艺术品所不可替代的作用。中国玉雕工艺是华夏民族的艺术瑰宝,是世界艺术殿堂的一朵奇葩,具有独特的艺术内涵。

第二节 玉雕加工工具及特征

我国制玉工具是制玉技术构成的重要要素之一,是人们把玉石加工成玉器的物质手段。玉器的雕琢工具经历了石质工具、青铜工具、铁质工具3个发展阶段。但因雕刻玉的工艺技术比较复杂,要经过采集、开料、设计、雕琢、抛光等工序,再加上不同的玉石原料和不同的玉器形状需要,所以要使用不同的工具,突出展现出雕刻玉的工具质料的多种性、种类的多样性和形制的简陋性特征。古代雕刻玉石的工具发展久远,但琢玉的雕刻原理和方法改变不大,制作玉石的工具和设备也没有很大的改观。一直到20世纪50年代,我国玉雕行业才广泛使用各种电动设备。

古代琢玉主要是用脚踩玉盘式使其转动,并用解玉砂涂抹在玉盘上把玉石切开,然后用硬度高的砣钻之类的工具雕琢。古老的琢玉机(图6-9)一直沿用到新中国成立以前,新中国成立以后,现代琢玉的主要设备为琢玉机,亦称雕刻机,其次有开料设备、打孔机、抛光机等。开料设备有油丝锯床、无齿锯床、半自动落地式开料机、托盘式开料机、钻石砣料机等,用于切开石料。打孔设备中,目前手拉

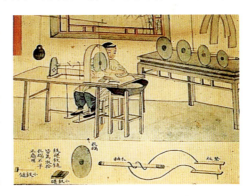

图6-9 古代琢玉机

空心钻杆打钻已多为机械打眼所代替,如把钻头卡在钻床上打孔。最新式的是用超声波机床等专用设备打孔,极大地提高了效率。抛光设备用于抛光玉器,主要有抛光机,其造型如磨玉机,唯一不同的是在机上增加了防尘装置。其他抛光设备有抛光桶和振动抛光机等。玉器抛光后的清洗和过油过蜡,可使用超声波清洗器和烘箱。

一、锯切工具

古代锯玉料的工具主要是指线锯,其外在的形状与现在木工开大料时用的大锯十分相似,只不过不是用带齿的锯条,而是用麻绳、牛皮条或者多股铁丝绞成绳子,由两人分执两端反复拉磨,同时须在玉料上方悬一壶解玉砂浆,使绳索在拉磨时沾上砂浆,把玉料锯开,锯切开料的方法有以下两种。

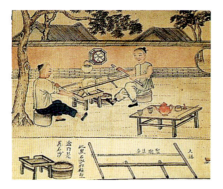

图6-10 锯条摩擦拉锯

(一)线切割法

线切割法是指用马尾充当"锯条",不断地加沙和水,来回往复拉动"锯条"摩擦拉锯(图6-10),慢慢地便把玉料剖成两片平整的玉片。良渚文化中的玉器表面上常见到抛物线形的线锯痕迹,可能是采用此法剖玉的结果。

一般来说,春秋以前的片雕玉器均有可能出现线切割痕,切割痕或呈弧线,或呈直线,其中比较大的玉件则以弧线痕居多。

(二)圆盘切割法

圆盘锯的式样有很多种,其主要的结构还是很相似的。有水平安装的主动轴,电机带动砣片在垂直主动轴的方向作高速运转,冷却设施是水或油。大型切料机没有工作台面与夹具。

主轴以支架支起,通过支点杠杆可以上下活动。中型和小型的切料机有带纵向进给装置和夹具的工作台,横轴有水平进给装置,并带有循环水或冷却系统(图6-11)。

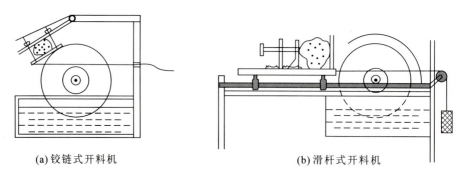

(a)铰链式开料机　　　　　　(b)滑杆式开料机

图6-11 圆盘切割法

二、雕刻工具

(一)刻划工具

古代制玉过程中使用最多的雕刻工具叫砣,是指安装在"水凳"横轴上可以旋转使用的各种工具的泛称。砣机可能在良渚时期就已具雏形,但真正意义上的砣机则是出现在青铜文化高度发达的夏商。到了春秋晚期战国初期,制作砣轮(又叫扎锅）的材料由青铜发展到更坚硬锐利的铁，从而可以制作出器型纹饰更为复杂的精美玉器。从形态结构上讲，砣机大体分为两种：一种是汉魏以前出现的两人一起合作的砣机；另一种是在南北朝以后出现的"水凳"，由木结构、铁砣子组成，只需要一人用双足踏蹬板使砣子旋转，带动蘸水金刚砂，双手转动玉料，反复砣碾而成。

砣的名称是玉雕行业沿用历史的称谓，什么时候开始称之为砣已无从考证。在古代，砣与"碢"字相同，可以互相替换，现在很多人用砣字，是否合适有待斟酌。随着制玉技术的成熟，雕刻工具的相对规范，人们逐渐把所有切割、雕刻玉器的工具均泛称为"砣"。现代玉雕绝大部分采用金刚石锯片等工具，工作效率大大提高，但传统的铁砣——主要片状圆形的砣仍在使用。尽管使用这种锯片在切割玉料时需要不断加入解玉砂浆，操作不方便，工作效率很低，但铁砣的制作简单，加工成本低，特别是一些小口径的铡砣可以制作的很薄，切割玉料时的切口小，可以减少高档玉料的损耗，因此，它还是一种目前无法替代的锯切工具。

古人制玉，在玉坯基本成型之后，就会以锐器刻划在玉表，然后再进行砣碾。因此，以前古人要用刻划而不用笔划主要是因为古人雕玉过程很长，如以笔描，纹样很容易就会被砂浆漫灭，所以要用刻划。

这种刻划工具肯定要比玉料坚硬。《穆天子游记》中提到过一种叫做"昆吾刀"的刻玉工具，有可能是钻石。有文献可证的金刚石出现则是在南北朝时期。但从出土古玉来看，这种刻划工具，至少可以上推至良渚文化时期（良渚玉器上密而细的阴线装饰纹，即是用利器刮刻而成，其工具有说是鲨鱼的牙，也有说是黑曜石等等），商代至春秋时期的玉器上也经常可以看到刻划大样时留下的尚未被砣掩盖的刻划痕迹。在古代刻划工具中有种叫"搜弓"（图6-12）的工具，其状如弓，弦以兽皮、绳索或金属制成，一端可以解系，以便穿入打好的孔眼，然后绷紧系好，以其蘸解玉砂浆，按规划好的纹样线路，将需要镂空的地方搜去，这样就会在一些镂雕玉器的镂空侧壁上留下许多线切割搜痕。

翡翠雕琢工具按功能可分为铁工具和钻石粉工具两种。铁工具用于切削和研磨，主要有：①铡砣，相当于圆形锯，安装于磨玉机上，通过旋转带动金刚砂，用于铡去墨线以外的无用部分，工艺上又分为摽、扣、划，摽是切棱挂角，扣是指从两个角度斜线切割，剜去

图6-12 搜弓

中间部分，划是切和扣的反复运用，这些均用于造型出坯工艺；②錾砣，是指小型铡砣或钻石粉錾砣，可用于出粗坯，以及根据凹凸深度进一步錾去无用部分；③碗砣，用于旋碗；④冲砣，用于冲磨大的平面；⑤磨砣，用于大小不同的磨砣磨出大样，如手、人头等，使作品初具较细致模样；⑥扎砣，有平口扎砣、快口轧砣、膛砣等，主要用于造型进一步加细，有推搬、叠挖、顶撞等功能；⑦勾砣，用于勾出更细致的纹饰；⑧钉砣，功能较多，它的快口既切割又辗轧，用平面还可以顶撞，向里面掏掖。

第三节　翡翠玉雕加工工序

　　将一块翡翠原石琢磨成一件绝美的艺术品，要经过一系列的玉雕工序。中国古代已有一套程序，清代的琢玉程序有捣砂、岩浆、开玉、冲锅（锅即现在的砣）、磨锅、掏堂、上花、打钻、透花、木锅、皮锅等工序，反映了中国琢玉工艺的成熟。古代的玉雕工序也促进了现代翡翠加工的发展。现代翡翠加工工序在古代玉雕工序原有的基础上进行了提炼，一般分为选料、设计、琢磨、抛光 4 个阶段。

一、选料

　　在现代翡翠玉雕工序中，选料是玉雕加工的第一道工序，也是非常重要的一道工序。选料应遵循因材施艺的原则。选料时首先应该准确判断翡翠的颜色及其质地，进而正确合理选用翡翠原料，以达到物尽其美。翡翠的种类繁多，质地多样，颜色丰富，变化很大。因此，在选料时我们应该主要根据质地、颜色、光泽、透明度、硬度、块度、形状等指标来确定创作何种题材的作品，力求优材优用，合理使用，必要时还要进行去皮、去脏、切开等审查工序，以"挖脏避绺"、"量料施工"，把翡翠原料看清楚，了解详细，避免或减少翡翠当中的面、裂等缺点。

　　选料是玉雕工艺过程中至关重要的一步，有实践经验的翡翠玉雕大师，都凭着一双慧眼和多年来丰富的经验来认识玉料的质量，并且精心挑选比较适合自己雕工题材的翡翠原料。在选料过程中精确、巧妙的用料，可以使作品主题效果突出，引人入胜。对翡翠的选料，我们不仅要对翡翠表面和形状仔细观察，还要看翡翠透明度好、色足、绺裂、瑕疵少等问题，可依靠颜色和块度大小及形状来确定选用。

　　在翡翠材料中，翡翠的原石形状各异，这就需要"量料施工"、"量形取材"，即将玉料形体作为创作者设计的先决条件，只能在已定料形上构思设计，不管是搞什么题材内容，都不能逾越玉料形体的条件，但是这给创作设计者的思路带来了局限。其实质主要是以翡翠原料的外观造型指引创作的思路，是创作者对翡翠形体构思的过程。按照翡翠原石形体选取题材，这是玉雕创作设计的重要特点之一。另一种是经过人为地去绺、去脏,将大料经"开料"加工成的料形,如方形、长方形、三角形等多种切面的形体。方形料一般适用于器皿造型,三角形料一般适用于动物造型,长条形料一般适用于人物造型。

创作设计者还应遵循"量形取材"的原则,如对于一块翡翠原料是适于做器皿,还是适于做首饰,均要进行反复推敲。如果玉雕设计师既充分利用了玉料的形体,又有巧妙深刻的构思,加之施以精湛的琢技,其作品必定是成功的。反之,作品的设计脱离玉料的形体,任凭主观想象设计一个造型,那么题材、内容再好,构图再生动,也是徒劳的。因为,玉料既不能像泥塑那样可以任意塑造,也不能像木雕那样可以粘接。所以玉雕的造型设计必须遵循"量形取材"这一基本原则。

总而言之,玉料形状千差万别,情况各不相同,往往有些玉料形体本身就具有某种造型特点,不需经过"破形"只经作者加以少许巧妙的处理,就会收到较好的艺术效果,成为"量形取材"的好作品。一件好的艺术作品,不在于加工的多少,而在于处理的绝妙。往往有些作品,不顾艺术效果,盲目堆工,结果画蛇添足,适得其反。

二、设计

翡翠玉雕产品不是定性的艺术品,每件都有不同的美感和内涵,在翡翠原石的艺术设计上要对翡翠雕工工序贯穿制作的始终。设计首先是对翡翠原料进行造型设计,即根据翡翠原料的特点设计造型,使造型舒适、流畅,有一定的内涵和寓意。为此,必须发挥翡翠原料的特点与造型美相结合,突出料的不同特点,如质地、光泽、颜色等。玉质的美,表现在翡翠温润光滑而细腻的特性上;颜色的美,表现在翡翠原料的俏色设计的点缀上。不同的原料在工艺上是有所区别的。对造型设计主要从翡翠原料特性出发,可以保证工艺技术和造型顺利制作完成。因翡翠的韧性好,其料可作细工雕刻工艺。

选料是一道重要的工序,目的是正确合理选用玉石原料,以达到物尽其美的作用。玉石品种繁多,变化很大,因此首先必须判断玉石的种类及其品质。在确定用料后,构图设计成为了翡翠设计的重要工序。设计首先是造型设计,即根据玉料特点设计造型,使造型舒适、流畅,受人喜欢。为此,必须将原料的特点与造型完美结合,突出料的不同特点,如质地、光泽、颜色、透明度等。构图大致分为静和动两大类:静的构图是对称,它给人安定、平和、庄重的感觉;动的构图是均衡,它给予人活泼、自然、生动的感觉。

在决定好石料和主题的时候,设计的好坏对一件产品来说起着决定性的作用。在设计中,构图的层次在设计中起了关键的作用。作品中各种形象的主与次、疏与密、前与后、上与下、左与右、大与小、长与短、曲与直等,互相依存,相互制约,而这矛盾着的各个方面又组成了一定的画面,如果胸有成竹,处理恰当,就能立意新颖,更充分、更完美、更有感染力地表达主题思想,塑造出成功的作品来。构图中应注意的问题很多,归纳起来主要有主次、疏密、层次和俏色等方面。

(一)主次关系

翡翠玉雕作品要尽全力去渲染主题思想,把一种文化或意境的东西带入观赏者眼中,这是首要的创作任务。只有把主体形象突出,才能对表达主题起关键性的作用,一切其他形象都要围绕主体形象来作各种不同形式的处理。

(二)疏密布局

在玉雕的造型艺术中十分讲究疏密布局,疏密与主次的关系是紧密联系在一起的,从视觉上,画面过密容易给人以拥挤压迫的感觉,太疏又会形成松散的效果,应注意疏密相间和穿插衔接,排列得当,让气势神态得以贯穿,疏处着重形态的变化,密处注意层次的处理,做到虚实相生、分组呼应,决不可平均对待和疏密相等,既不能"满天星"均匀撒开,又不能大集合,一堆一团;要注意对空白的处理,实际上空白也是构图中的一个重要部分,有时更起到点睛作用。根据题材和料石的不同,一件产品有时是"以多取胜",如兽类产品一般以不繁杂为宜,如果需要一些陪衬,也应围绕着兽来安排各种造型从而衬托主体。同时,画面要繁而不乱、紧而不塞、松而不散,不论用哪种手法,都是为了取得更好的艺术效果。

(三)层次安排

玉雕不同于绘画,画面的层次是给人以丰富多变和造成画面空间感的一个重要因素,应在定好重心线的前提下,围绕重心展开设计,做到求主次、求平衡、求对比、求呼应。任何一个组织部分都要为主题服务,画面的层次和疏密不是孤立存在的,它们相辅相成,所以在完成构图时应一并考虑,使之成为有机的整体,要注意前景的设计和做工。主体和要表现的精彩地方大多在前,由于它们所处的地位显要,因而对表达主题和画面的美观有较大的影响。但前景不满和滥用前景不仅有损形象,而且缺乏层次变化,因而应在统一中求变化,在多变中求统一,形成生动的变化。一般来说,在设形上切忌等边三角形或同等距离和互相平行现象的出现。因为,这样的构图,使人的视觉上很不安稳甚至过于死板,任何同样大小、同样粗细、距离相等平行一致的形或线都会冲淡主题,并使它们失去自己的作用,也没有艺术价值。一件事物总有自己的特点和面目,不论是人物、花卉或禽兽,在处理和表现手法上,都应该合情合理。

(四)俏色设计

中国玉器的历史发展源远流长,其俏色玉雕艺术品发展时间大约在商代。距今3000余年的商代已出现了许多利用原石色彩雕琢的玉器,因其用色达到巧夺天工的境界,被赞誉为"巧作"或"俏色"。经发展,这种俏色玉雕在宋、元、明3个朝代中得到了发展和盛行,后世继续发扬光大。

俏色玉雕一般是以玉石的主色作底,兼色作俏,色不混、不靠,物象逼真。主色是玉石中基本的大体积色彩,兼色是杂于主色中的其他色,例如白玉红皮籽料有一层薄薄的红皮,里面通体洁白,白是主色,红皮是兼色。在作品中只有保留白玉红皮,才能使作品有生气,体现出白玉红皮籽玉的美丽。巧妙地利用物体外表琢制出不同的造型,在利用色彩雕琢得恰到好处,则有巧夺天工之妙。玉料种类繁多,每种玉料的颜色各不相同,即便是同一种玉料,有的也夹杂着多种色彩,所以五颜六色的玉料,可称得上"光彩夺目,晶莹美丽"。各种玉料大部分都有其基本的色调,如白玉为白色、墨玉为黑色、黄玉为黄色,翡翠料中有绿色、粉色、红色、白色、黑色等。因此,在琢制翡翠过程中,对于翡翠料颜色的运用非常重要,这也是玉雕创作设计中的主要特点之一。玉色的运用虽然没有固定的做法,但也有一些基本的规律可循。

在单色玉料设计中,首先要按玉料色调的整体性以及由色调所产生的意境来选择适合表现的题材内容。因为任何色调都能引起人们的联想和想象,而玉料的色调与光泽也是如此,所以一定要借助于玉料的天然色泽,使要表现的题材内容、形象与玉料的色调和谐统一起来,并起到烘托的作用和深化主题思想的作用。如表现白仙鹤或白孔雀之类比较契合欣赏者的文化心理习惯,反之,用来表现山鹰就不会收到理想的艺术效果。

色调问题是构成一件艺术作品的很重要的一个方面,而我们往往只注意了对料形的使用,却忽视了对色调的运用处理。实际上玉料形体经过雕琢是可以发生改观的,而天然玉料的色调是固有的(除非人工改色),所以对天然玉料的色调运用就尤为重要。

多色玉料是指在一块玉料中含有两种或两种以上的颜色。玉料中所含色块的形状是在自然中形成的,既没有特定的形状,又没有一定的规律。在多色玉料上进行创作设计具有一定的难度。它不同于用颜色及釉料着色上彩的绘画、彩塑、珐琅、陶瓷等美术工艺品,而是必须"按料取材"、"因材施艺",以巧取自然俏色,所以俏色艺术在玉雕中更为光彩夺目。多色玉料的运用比单色玉料更为复杂,除按照单色玉料创作设计的要求外,还要巧于运用俏色。俏色运用的好坏,直接关系到作品的艺术性及经济价值。

在玉器创作用色上,一般有3种不同的境界表现。这就是:一绝、二巧、三不花。此外,俏色玉料的运用,不仅要考虑到各种料色,更要从整块玉料的色调和形体考虑,其中色调尤为重要。玉料的颜色是固定不变的,而玉料的形体经过琢制是可变的。作者可巧妙地利用玉料固有的色调和形体创作出优美的俏色艺术品。如用翡翠琢成的荷花并不具备自然生长荷花的颜色,但翡翠料特有的色调和湿润感,契合了荷花的某些特点,使人仍然感到玉琢荷花的美,这就是翡翠的美丽所在。因此,我们对各种俏色玉料要竭尽全力找到他们最有魅力之处,来表现适合其色调和形体的题材内容。但是我们也常常看到一些作品,用有天然魅力花纹的孔雀石琢制人物,不仅不能发挥天然花纹的美丽,反而将这些美丽的花纹丑化了美女的形象。所以对这些天然美丽的花纹也要选择适合表现的内容,不然就会起到相反的作用。

总之,俏色玉工艺既具有生动传神的雕琢形体,又具备了绘画艺术艳丽的色泽,综合了雕塑、绘画的艺术精华,因而具有更深层次的审美价值。在现代仿生术、仿真术发明之前,俏色玉所琢的动物、植物、人物,最具艺术效果,形象逼真,活灵活现。可以说,俏色玉是古代工艺美术的绝品。一件上等的玉雕作品,光靠单纯的技术是不能成为上乘之作的,只有采用最恰当的形式,充分完善地表现主题,技术和艺术相融合,才能成为艺术品,才能在玉雕艺术中光彩夺目。

三、制 作

在玉雕设计完成后,翡翠玉雕师们利用玉雕加工工具,按设计绘制图形进行加工创作。玉雕技法种类很多,但是主要工序就是琢磨,可见设计和琢磨是分立的,"琢磨"工艺已经成为一种艺术制作技巧,中国的玉雕大师几乎都有既精于设计又巧于琢磨的艺术修养。

在玉雕制作中,"琢磨"主要分为琢和磨两种基本工艺程序,铡砣、錾砣等加工工具是"琢"工艺手法的主要工具。切除玉石原料造型中的余料,其手法主要有冲和轧。在基本造型完成后,除了要清晰玉雕面部轮廓线条,还要进行勾、撤、掖、顶撞等装饰工艺手法。勾是勾线,撤是顺均匀线去除小余料,掖是勾撤后的底部清理清楚,顶撞是把地纹平整,另外还有其他制作手法比如叠挖、翻卷等工艺,就是把叶子、云纹、丝带、衣边等形式的飘带都栩栩如生地雕琢出来。在"琢磨"同时也会进行打孔、镂空、活环链等工艺。玉石的雕琢主要运用减法形式,形成设计者所需要的造型,因此,琢磨工艺的准确对玉雕成品质量、出品率有很大关系。琢玉是属于艺术范畴的创造性劳动,琢玉师的工艺水平至关重要。

现在中国的玉雕厂都拥有现代化的先进设备和技术精湛的玉雕大师,艺人们用他们灵巧的双手,创作出了无数精美的玉器作品。玉器加工中要量料取材和因材施艺,翡翠的韧性好,在制作产品的过程中,尽可能施以细工工艺,使其形体准确、形态规矩、线条利落流畅。细工是细部的精加工技术,难度较大,是精美玉器的一个重要标志。

总之,在翡翠雕琢过程中,我们应该注意到几个问题:一是用料要干净,如果有的翡翠玉石料脏或绺,就应用设计手法和制作技巧去掉或者隐藏,使作品无严重的脏和绺等问题;二是把玉料玉质最美的部分放在最显眼的部位,并占用最大体积,突出意境,突出主体;三是根据玉料的质色,运用完美的设计和最恰当的工艺,呈现出玉质美感;四是形体造型美,形象逼真、美丽、生动有情趣,主题突出。设计考虑周密后,要在翡翠玉料上绘画图形,有粗绘和精绘两道设计工序。粗绘是指把所需的造型和纹样大概绘制在翡翠玉石上;精绘是在对翡翠原料作出粗坯后,把局部精致的要求绘在坯上。在制作过程中如出现变化,要随时修改设计,使玉器精益求精。

在翡翠雕琢中,应磨炼灵活多变的能力。玉雕设计师都懂得,要想把作品创作精美,首先要把所要设计翡翠玉料的特征、质地、颜色等元素搞清楚,只有在全面掌握玉料的情况下才能进行合理的设计,这是玉雕设计的一般常识。玉雕设计对于脏、绺明显,色块显露,形状、纹理简单的玉料来说,当然是容易认识、便于掌握。但往往也有这样的情况:从玉料的表面看不出会有什么问题,但在琢制过程中,在玉料的内层含有其他色块及脏、绺等。这些出乎意料的因素必然对原设计构想有影响乃至破坏的作用,因此必须将原设计按照变化了的玉料情况加以修改甚至重新设计,以适应新的条件。在设计复杂的玉料时,设计造型也随之而变化。这种变化的过程:一方面是对玉料认识的逐渐深入,更符合客观条件的过程;另一方面也是变化着的玉料条件重新作用于设计者的思维,用变化了的新条件调动、挖掘创作设计才能与智慧,使其设计在变化中丰富,在变化中提高。

四、抛光

抛光是对玉雕加工工艺的重要工序之一,是指把雕好的玉器表面磨细,使之光滑明亮,具有美感。琢磨好的玉器,还要进行抛光。抛光的具体操作过程与琢磨类似。抛光首先是去粗磨细,即用抛光工具除去表面的糙面,把表面磨得很细;其次是罩亮,即用抛光粉磨亮;再次是清洗,即用溶液把产品上的污垢清洗掉;最后是过油、上蜡,以增强产品的亮度和光洁度。抛光的使用工具一般用树脂、胶、木、布、皮、葫芦皮等制成与琢磨时的铁制工具或钻石粉砣头形状类似的工具,将抛光剂用适量的水或油脂调好,涂抹在柔软的材料上进行运用。

由于翡翠质地细密,经抛光处理后会显现出晶莹美丽的光泽,这光泽是玉雕艺术所特有的。玉雕行业中多习惯称之为"光亮"或"光活"。因此,玉雕光泽处理的优劣关系着作品艺术效果的好坏。玉雕的光泽是构成玉雕特点的重要条件,但往往也是影响表现力的因素。例如,细腻的图案花纹和形象的刻划经过抛光后往往不易看清楚,作品中人物的面部表情也往往被明亮的光泽所掩盖,光泽在这里的炫耀却成为多余。所以我们对玉雕光泽所起的作用要有足够的认识,并在光泽处理上，既要充分发挥玉雕所特有的光泽美,也要避免光泽给鉴赏玉雕作品带来过分的负面影响。抛光要求将玉雕抛出光泽,使作品达到平顺圆润,亮度强不走形,并将玉料天然的晶莹细润的质地、丰富美丽的花纹充分地显现出来,犹如美女穿上光彩华丽的服装,更加妩媚动人。反之,如果玉雕不抛出光泽,那么光彩夺目的玉雕马上就会黯然失色。

抛光的方法可以分为机械轮磨抛光、震机抛光、手工擦磨抛光、半机半手抛光4大类,主要根据翡翠原料的好坏、大小等因素而选用具体的抛光方法。震机是现代玉雕业中常用的适合于中低档玉石的抛光设备,主要用来抛圆珠、圆球、小摆件、小把玩件、雕刻简单的派件等。磨料采用玛瑙、白玉或翡翠的小颗粒边角料,同时还需在抛光过程中,根据需要加水、光亮粉等辅料以完成整个抛光过程。震机抛光需要时间较长,约一星期左右,但一次能抛光很多件。抛光后需要超声波清洗干净。抛光工具的种类很多,因而抛光工具的选用很重要,既与抛光效果和抛光粉的种类有关,也与抛光工具的种类、结构有关。抛光效果不佳时,改换抛光工具也常能奏效。

从目前玉雕的抛光来看,主要是采取不分轻重、不分强弱的"亮则为佳"的抛光原则。所以玉雕作品中往往只见光泽的晶莹美丽而不见抛光艺术所产生的绝妙效果。玉雕的抛光艺术不仅要求将作品抛亮,还必须根据作品的内容和需要进行抛光布局设计,使光泽的亮度有强有弱,在反光强弱的对比中,产生出层次感,甚至出现奇妙的艺术效果。

总之,一件玉器的制成,从选料开始,到装进匣才算全部完成,这其间凝结着无数琢玉人的心血。一件作品,少则一月,多则数年,稍不留意就有损坏的危险。琢玉人凭借高超的技艺,费尽心血才使一件作品最终得以完成。所以,一件玉器不仅玉料宝贵,而且琢磨之功更是难能可贵。

第四节 玉雕工艺技法

在翡翠玉石界,都懂得"远看造型,近看玉,拿起看刀工"的道理。即玉器完美欣赏要依据器形、玉质、雕工、纹饰等因素。在诸多因素中,雕工尤为重要,因为器形、纹饰均可模仿,而雕工则与工具及工匠的雕工习惯有一定的关联,其工艺也能体现出每个时代的气息。特别是在当今高科技的时代里,把握各时代雕工的特色,对于鉴别真伪特别重要。

几千年来,中国的雕玉工艺与技法,都是师徒传承的方式,没有文字性的记载,因此,能传之后世的图文资料很少。通过古籍的记载以及古玉器的雕工技法,我们可以看出古人琢玉的具体方法是利用硬度比玉高的解玉砂加水,再用木、石、铁、钢等材料的工具带动解玉砂,在玉器表面需要加工的地方来回磋磨,使之成形。后来人们又发现了砣子(圆片状的锯形工具)和拉条(用铁丝或其他材料制成的工具)(图6-13),提高了工艺水准。现代的玉器琢磨仍然是在这一理论的指导下进行,只不过加进了一些电动技术和更为先进的辅助材料而已。

图6-13　拉条

既然历代玉工都是遵循着这样的工序,那么不同时代的玉器雕琢之差异又在何处呢?其主要在于雕琢技法的不同。古代琢玉技法可以分为阴刻、阳刻、浮雕、圆雕、镂空、镶嵌等几大方法,它们又可以细分为:单线阴刻、双线阳刻、减地阳刻、浅浮雕、高浮雕、单层镂空、多层镂空等。

一、造型雕琢表现技法

(一)圆雕

圆雕称立体雕,又称"圆身雕",是可以多方位、多角度欣赏的三维立体雕塑,如立体造型人物、立兽等玉器。红山文化肖形玉饰和商周时期肖形玉多为圆雕,后来历代玉雕作品中也均可见到这类作品。

圆雕是艺术在雕件上的整体表现,观赏者可以从不同角度看到物体的各个侧面。它要求雕刻者从前、后、左、右、上、中、下全方位进行雕刻。圆雕的特征是完全立体的,观众可从四面八方去欣赏它。就圆雕来说,它不适合表现自然场景,却可以通过对人物的细致刻划来暗示出人物所处的环境。如通过衣服的飘动表现风,通过动态表现寒冷,通过表情和姿势表现出是处在炼钢炉前或在稻田之中。

圆雕虽是静止的,但它可以表现运动过程,可以用某种暗示的手法使观者联想到已成过去的部分,也可以看见将要发生的部分。形体起伏是圆雕的主要表现手段,如同文字之于文学,色彩之于绘画。雕塑家可以根据主题内容的需要,对形体起伏大胆夸张、舍取、组合,不受常态的限制。形体起伏就是雕塑家借以纵横驰骋的广阔舞台。总之,圆雕要求精而深,强调"以一当十"、"以少胜多",既要掌握雕塑艺术语言的特点,又要敢于突破、大胆创新。

(二)浅浮雕

浅浮雕是指利用减地方式,挖掉线纹或图像外廓的底子,造成线饰凸起的效果。良渚文化的玉琮,兽面眼、口、鼻即用浅浮雕。浅浮雕又称隐起,明清称之为薄意,就是将主体纹案以外的地子砣磨减低,并处理平整,使主体纹案微微凸现于地子之上。良渚文化玉器有精美的浅浮雕兽面纹,以唐宋带饰及明代玉牌饰较为多见。

浅浮雕是与高浮雕相对应的一种浮雕技法,所雕刻的图案和花纹浅浅地凸出底面,其中落地阳文和留青应归属于这一类。这种技法流行于清代晚期,在刻字等方面尤为常见。即雕刻较浅,层次交叉少,其深度一般不超过 2mm。浅浮雕对勾线要求严谨,常用线面结合的方法增强画面的立体感。浅浮雕起位较低,形体压缩较大,平面感较强,更大程度地接近于绘画形式。它主要不是靠实体性空间来营造空间效果,而更多地利用绘画的描绘手法或透视、错觉等处理方式来造成较抽象的压缩空间,这有利于加强浮雕适合于载体的依附性。

(三)剔底隐起浮雕

所谓剔地隐起浮雕,就是在玉器平面上将主体纹饰和边框以外的地子掏挖剔除,以表达出浮雕一般的视觉效果,其边沿向内呈坡状,多见于唐宋及明代玉带板饰。

(四)高浮雕

高浮雕是指在平面上雕刻出高出地子很多的图案或造型,即挖削底面,形成立体图形,并加阴线纹塑形,始于战国,明清时流行。高浮雕常与镂雕法一起使用,其立体雕部分与圆雕颇为接近,难分轩轾。

高浮雕由于起位较高、较厚,形体压缩程度较小,因此其空间构造和塑造特征更接近于圆雕,甚至部分局部处理完全采用圆雕的处理方式。高浮雕往往利用三维形体的空间起伏或夸张处理,形成浓缩的空间深度感和强烈的视觉冲击力,使浮雕艺术对于形象的塑造具有一种特别的表现力和魅力。法国巴黎戴高乐广场凯旋门上的著名建筑浮雕《1792 年的出发》就是高浮雕的杰作。艺术家将圆雕与浮雕的处理手法加以成功的结合,充分地表现出人物相互叠错、起伏变化的复杂层次关系,给人以强烈的、扑面而来的视觉冲击感。

(五)内雕

内雕就是深入玉料内部雕出圆雕及浮雕造型的玉雕手法,常见于明清。内雕是较复杂的工艺。在一块玉料上雕刻里外二层或三层景物,玉雕业称之为"绝活"。从民国时期至建国初期,由于工具条件所限和玉雕工艺尚不娴熟,内雕技艺一直空白。20 世纪 70 年代后,玉雕艺人探索内雕技艺,并取得了突破性的成果。其作品有李洪才设计的"俏色蝙蝠篓",篓内雕有两只蝙蝠翘首外望。还有的作品为球形物体,内有三层或四层,层层雕景或纹饰,并可转动欣赏,堪称玉雕绝技。

(六)镂雕

镂雕最早见于良渚文化镂空的玉冠状饰。镂空雕的程序是先在纹饰外廓等距的地方钻管打孔,再用线锯连接形成槽线。距今5000年前的新石器时代晚期,商代镂空玉凤的镂空剖面很平滑,说明当时镂空对接技术已非常娴熟。汉代到魏晋时期的各式陶瓷香熏都有透雕纹饰。元代的镂雕技术有了新的发展,透雕的玉炉顶,荷花芦叶穿插多达三四层,十分玲珑剔透。

镂空雕常与其他雕刻技法结合使用,成为整件作品的一个组成部分。由于镂刻内部景物的用刀受到很大的限制,操作不易,艺人不仅需要有高度集中的注意力,更要有熟练的圆雕基本功。

二、平面雕琢装饰刻线技法

玉器上的装饰用线,主要分为凸起的阳纹和凹槽状阴线两大类。其中阳纹有减地阳纹、双勾拟阳纹、压地隐起阳纹、剔地隐起阳纹等;阴纹可分为刮刻阴线和砣碾线两大类,而砣碾阴线按其形态又可分为单阴线、一面坡阴线、汉八刀(汉八阴线)、游丝阴线等。

(一)阳纹

1. 减地阳纹

减地阳纹又叫真阳纹,通过磨削"地",使阳纹微微凸起于平面之上,也叫减地隐起或者浅浮雕。这种方法在红山文化、龙山文化、石家河文化及商周古玉中均有出现。

2. 双勾拟阳纹

双勾拟阳纹又叫双勾阳文或者勾撒法,或双阴挤阳,是商代才出现的表现手法。它是以并列的两条阴线使中间凸起部分看上去像阳线,其实是在凸起部分的两侧雕琢出两条浅浅的凹槽。它们是斜下的浅沟,并非直下的切壁,所以看上去像阳纹浮雕。

3. 压地隐起阳纹

压地隐起阳纹是将双勾阴线中的一条砣碾成斜面,使主体纹样突现出阳纹一样的视觉效果,是春秋及战国早期常用的表现手法。

4. 剔地隐起阳纹

剔地隐起阳纹是指在同一水平面上,将纹饰线条以外的地子剔除,以达到表现内容的浅浮雕效果。这是唐宋及明带板、明清玉牌子较常见的表现手法,通俗的叫法是"磨砂地"。

(二)阴纹

1. 刮刻阴线

刮刻阴线以硬质尖状工具来刻划出玉雕设计师想要的图案阴纹。此技法源于良渚文化的人面纹、兽面纹的细节,大多清浅曲折。

2. 单阴线

单阴线指在玉器的表面琢磨出下凹的线段。汉代以前的阴线段大多极浮浅,由一段段短线连接而成,若断若续,这是砣具旋转轻起轻落形成的,一般称之为"入刀浅"、"跳刀"、"短阴刻线"。

3. 一面坡

一面坡是指以较大的倾角将阴线一侧的地子磨成斜面,使纹线更加明显。此法又称"撒",最早出现在商代中期,从商代晚期到春秋颇为流行,因商代一面坡斜面略带弧度,不及西周时期宽直,故称"撒尔不斜"。按设计的花纹勾出浅沟形凸起线条叫"勾",也称刚线,商代时常用。把一边的线墙磨出一定的形体叫"彻",西周时为单彻,即一面斜入刀,另一面为阴刻线,也产生阳文凸起的效果,俗称"一面坡"。

4. 双勾阴线

双勾阴线又叫双勾碾法,以商代早期最为常见。因为它给人类似平凸阳线的错觉,又称为"双阴挤阳",其阴线凹槽表现为两头尖浅,中间宽而深。

5. 勾撒法

勾撒法虽然也是一种"双阴挤阳",但与商代双勾阴线均细不同的是西周中期以后以勾撒法砣出阴线一宽一窄,窄线用勾,细而深,宽线用撒,靠近阳纹的地方为直岸,另一面砣出较宽斜面。阳线效果明显,特别漂亮。

6. 汉八刀(汉八阴线)

此刀法为汉朝所独有的玉雕工艺手法,这里是指汉代琢玉刀法的精准,寥寥数刀就可以雕琢成一定造型,后人称之为汉八刀,而不是指刚好八刀。代表作品如玉豚、玉璜等。比一面坡更为犀利的阴线雕琢方法,一面立如壁,一面斜如刀削,线条简洁强劲,多见汉代的玉猪和玉蝉,后来者无法企及。

总之,作为一名玉雕技艺人员,固然应该惜玉如金,但是无论什么美玉,用尽、用美、用绝总是一致的,不能因为惜料而不破形,这会造成设计人员伤形、伤情、伤身。因此,该切除的地方还得去掉,绝不可因小失大或使作品失真,失去艺术性。要具备这种能力,最根本的在于通过比较自觉的长期技艺实践积累技艺经验。

在探求翡翠雕刻艺术造型的特征中,从翡翠石料特性的把握和运用,到雕刻造型特征的基本特点的体现,以及对翡翠雕刻造型特征表现规律的探索,在这一创作的复杂过程中,存在着对翡翠雕刻创作的认识过程。由于创作者认识的差异,理解的不同,往往对创作的追求,对翡翠雕刻造型特征的表现,都会有着不同的效果,甚至出现相反的效果。这些现象的出现,均在情理之中,是可以理解的。但作为某一艺术品类,由于自身客观条件之局限和独具的特点,也必然形成其独特的艺术风格,这是自身规律所决定的。作为玉雕艺术也同样如此,它有着独具特性的翡翠石料和特殊的雕琢工艺,特别是它有着翡翠石料的自然属性而派生出来的人文观念,这对玉文化之内涵,起到了更加深远而丰富的拓展作用,形成了以"圆润"特征为主导的玉雕造型艺术风格。

  翡翠玉雕艺术的创造者要善于把握玉雕艺术的基本特点和主导的艺术风格,也只有在此基础上,结合创作知识、生活、经验、技法、文化、修养、爱好等综合因素,在长期创作的实践中,才会逐渐形成自己的艺术风格。研究与探索翡翠雕刻艺术的造型特征和创作具有个人艺术风格的翡翠雕刻作品,是每位翡翠雕刻大师始终不懈的追求。

第七章 翡翠文化

第一节 翡翠的文化表现

一、翡翠的颜色文化

(一)翡翠的绿色文化

翡翠中绿色是最主要的颜色,翡翠出现之初,国内几乎只接受绿色翡翠。绿色是翠玉文化的集中表现,是反映大自然的主色调,给人们一种浩瀚、博大和蓬勃旺盛的生命意识,同时绿与"禄"谐音,传达了人们对美好生活的企盼和向往。翡翠的绿色强调"浓、正、阳、匀、和",所谓"浓"是指绿色饱满、浓重;"正"是指绿色纯正,不含杂色;"阳"是指绿色鲜艳、明亮;"匀"是指颜色要分布得均匀;"和"是指绿色均匀、柔和。

不同的绿色,反映出不同的文化气息:"帝王绿"色浓、色正,体现出庄重、高贵、典雅、富有的气息;"翠绿"色阳、鲜艳,代表了绿色的生命,绿色蓬勃、生机盎然;"豆绿"亮丽、鲜艳,犹如出生的嫩芽,青春而富有朝气,充满了希望;"瓜皮绿"色调偏暗,给人以稳重深沉之感,体现成熟与成功。在中国民间常用三十六水、七十二豆、一百零八蓝来描述翡翠绿色的多样性。

翡翠的绿色之所以受到中国人的喜爱,除了审美上的享受之外,还与中国传统哲学思想中的五行说理论相吻。中国古人

图 7-1 翡翠鼻烟壶

认为,世界是由金、木、水、火、土 5 种基本物质构成的,是谓"五行"。金、木、水、火、土 5 种基本物质不断运动和相互作用,便使得自然界和人间的各种事物和现象

不断地发展、变化。而与"金、木、水、火、土"这5种基本物质对应的颜色则是"白、青、黑、赤、黄",五色中的"赤"、"黄"、"青"就是我们现在所说的"红"、"黄"、"兰"三原色,而"黑"、"白"其实代表着中间色、无色或调和色。历代封建王朝以五行、五色观念助力治国,总是崇尚某些特定色彩——黄帝之时,土气盛,故其色尚黄;禹之时,木气盛,故其色尚青;汤之时,金气盛,故其色尚白;文王之时,火气盛,故其色尚赤;其后之朝代有秦朝水气盛,故其色尚黑。从色彩形成的理论上来讲,绿色是通过蓝色和黄色的调和而产生的间色,而蓝色和黄色也就是五行中代表土、木的青、黄二色,土生木,故翡翠的绿色总是给人带来生生不息的心理暗示。

(二)翡翠其他颜色的文化

翡翠的颜色其实不止绿色调一类,紫色翡翠也称为"椿","椿"在字典中的释义为"长寿",现在也有人将其简化为"春"。在生活中,由于紫色被人们寓为"寿",所以多用紫色物品来馈赠老人以表祝贺长寿之意,同时也表示财运亨通,所谓"紫气东来"、"大红大紫"就是取的这个彩头;而在翡翠雕件中,紫色玉料往往被雕刻成玉佛,祈愿事业和生活美满和谐,兴旺发达。从色彩来说,紫色是由青、红二色调调和而成,自古以来这些由正色调成的中间色,介于五色之间,按阴阳之间相生相克理论,算不得正色,多是平民百姓的服饰采用,但是调和色自由度大,表现的更为丰富多彩。不同原色、不同比例调出的颜色都不一样,在百姓生活中象征的意义也是深浅不一。深紫往往是庄重、高贵、典雅、财富的象征意义。翡翠中的紫罗兰色是赤色与青色两种颜色比例相当,并且有一定白色成分,所以接近于藕荷的颜色,不仅显得高贵、聪慧,而且还有青春、活泼的感觉。紫色的翡翠近年来引起人们足够的关注,使得紫色翡翠的价格一度上扬。

白色翡翠是现代翡翠中最为多见的。白色沿袭了我国传统的白玉文化观念,是纯洁、高尚品德的象征。如洁白如玉、白玉无瑕、玉如肌肤、守身如玉等都是对白色玉石拟人化的比喻。白色使人联想白雪和白昼,象征明朗、纯洁,给人留下洁白的印象。

红色翡翠被称为"红翡",红色是太阳、火和鲜血的象征,代表着生命和正义,是一切邪恶所不能与之抗拒的。在中国古老的阴阳五行哲学观中,红色是正色、主色、首色。在现代社会中红色是热烈、兴奋和吉祥的颜色,代表了吉利和喜庆。

翡翠中通体黄色的不多,黄色一般作为俏色和其他颜色相映衬,并在加工时被能工巧匠加以巧妙设计。在传统五行中象征土地,在百姓生活中人们从丰收的喜悦中感受黄色的美丽,所以我们总是说"黄土地"、"金黄色的秋天"。黄色也是皇权的专用色,黄色代表帝王本身具有富贵、豪华的意味。在当代,黄色翡翠常被雕刻成为貔貅、三脚蟾这样的招财瑞兽;黄色与"黄金万两"的意义趋同,所以很受经商人士的喜爱。同时,黄色的翡翠有时还被雕刻成关公,关公是商业的保护神,因此,黄色的翡翠是特别受到经商之人喜爱的。

黑色，是一种力度的表现，具有庄重、威严之感。黑色饰品能体现出男子汉深沉、庄重的气质。黑色代表了黑暗及世间的阴暗面，有通神之灵气，在翡翠中常将黑色的墨翠雕刻成一些民间传说人物，如钟馗、张飞、包公等，以图神灵保佑、避邪消灾。

翡翠最神秘的特性就是在同一块玉料上可以出现不同的颜色组合，从而表现出不同的文化内涵。翡翠具有丰富的颜色，这些颜色不仅可以单独出现，也可以同时出现在一块翡翠上，这是一般宝玉石所没有的特点。尤其是颜色的形状与组合及颜色的深浅与分布千变万化，使得翡翠的颜色丰富多彩。传统文化赋予色彩以深远的象征意义。

图 7-2　多色翡翠玉雕

人们将翡翠的红、绿、紫、白、黄五色分别寓为"福、禄、寿、禧、财"，如此寄托丰富的思想感情，并表达对美好生活的追求与向往，同时也表明作为"五福"载体的翡翠在人们心中的沉甸甸的地位。一件翡翠中同时出现绿色和紫色，人们称为"春带彩"；绿色、红色和紫色的结合称为"福禄寿"，或者"桃园三结义"；如果一块翡翠上有红、绿、紫、黄 4 色，则称为"福、禄、寿、喜"；而同时拥有红、绿、紫、黄、白 5 色，则称为"五福临门"；一块具有红、绿两色黄杨绿翡翠，让我们感觉到焕发出无限的生机与美好前景，象征着国家昌盛、家庭祥和，又可称之为"双喜临门"。正是因为翡翠的色彩象征着活力、富贵和益寿，集中了中华民族性格特色，所以它受到炎黄子孙的特别厚爱。

二、翡翠的雕刻图案文化

自古以来，我们的祖先就认为玉石有祈福纳祥、避邪消灾的功能。由于这表达了老百姓的美好愿望，玉石被广泛接受并做成饰品佩戴。历朝历代的能工巧匠在玉石上雕刻出吉祥的图案，使中国的玉文化被不断地延伸传承下来。我们的祖先将对美好生活的企盼描刻在玉石上，利用许多带有寓意的图案传递民间的习俗和积极乐观的思想情感。这些图案经过历朝历代的延续和发展，由史前新石器产生时最为简单的"C"形，发展到明清时期，到达了"图必有意，图必吉祥"的全盛时代。

翡翠初现于清初,且受到清朝统治者的高度重视,所以翡翠上的图案雕刻更是汲取前面所有玉器雕刻的精华,出现了无比辉煌的盛况。特别是在当代,翡翠资源短缺,人们想得到一块种水俱佳的翡翠是非常有难度的事情,因此,越来越多普通水种的翡翠石料被深加工,雕刻在翡翠上的图案也越发精美、细腻。翡翠,已经基本完成了玉石的功能转型,即由辟邪驱魔到祈福纳祥的重大升华。

翡翠玉器图案可以说是集传统玉文化所有象征符号意义的精华发展而成,形成了独特的翡翠雕刻图案文化。翡翠饰品上的纹样往往运用人物、走兽、花鸟、器物等形象,以民间谚语、吉语及神话故事为题材,通过借喻、比拟、双关、象征及谐音等表现手法,构成"一句吉语,一幅图案"的表现形式,反映了人们对美好生活的追求和向往。

市场中常见的翡翠雕刻图案整理如下:

(一)人物类

观音:观音心性柔和,大慈大悲普渡众生,是永保平安、消灾解难的化身。

笑佛:静观世事起伏,笑看风起云涌,是解脱烦恼的化身。佩戴佛像寓意有福相伴,永保平安。

财神:传说能给人带来财运的神仙,佩戴翡翠财神,财源滚滚来。

罗汉:乃金刚不破之身,能逢凶化吉。

渔翁:是传说中一位捕鱼的仙翁,每下一网,皆大丰收。佩戴翡翠渔翁,喻意生意兴旺,连连得利。

童子:天真活拨,逗人喜爱,常见的玉雕图案有送财童子、欢喜童子、如意童子、麒麟送童子等。

刘海:与铜钱或蟾一起寓意"刘海戏金蟾",或叫"仙童献宝"。

钟馗:扬善驱邪,常有钟馗捉鬼的造型。佩戴翡翠钟馗可以避邪去晦。

关公:关公是忠义勇敢的象征,被尊为"武圣""武财神",形象威武,忠肝义胆,可镇宅避邪、护佑平安、招财进宝、财源广进。

八仙:即张果老、吕洞宾、韩湘子、何仙姑、李铁拐、汉钟离、曹国舅、蓝采和,有时用八仙持的神物法器寓意八仙或八宝,八种法器是葫芦、扇子、渔鼓、花篮、阴阳板、横笛、荷花、宝剑。

三星高照:三星原指明亮而接近的三颗星,也指福星、禄星、寿星3个神仙。福星能够根据人们的善行施予幸福。古人认为岁星照临,能降福于民,于是就把岁星称为福星。掌管人间荣禄贵贱的是禄星。因为"禄"有发财的意思,所以民间往往就用财神赵公明的形象来描绘他。寿星又叫南极老人,古人认为南极星可以预兆国家的兴亡,人寿的长短,故南极星就成了长寿的象征。

(二)植物类

梅：梅花冰清玉洁，凌寒留香，令人意志奋发，是传春报喜的吉祥象征，和喜鹊在一起寓意喜上眉梢。

兰：兰是人们最熟悉、喜爱的芳草。兰花最早的含义是爱的吉祥物。屈原在诗歌中将兰喻为君子，故后人又把兰花理解为君子高洁、有德泽的象征。如"兰桂齐芳"（兰花、桂花）喻意德泽长留、经久不衰，也就是把恩惠留给后辈子孙，亦用来称颂别人子孙昌盛。

竹：青翠挺拔，奇姿出众，四时常茂，寓蓬勃向上、志高万丈、步步高升，素有"君子"美誉。

菊：菊本身寓意吉祥、长寿，与喜鹊组合表示"举家欢乐"，与松一起寓意松菊延年。

松：长寿的代表，寿比南山不老松。

寿桃：王母娘娘的仙桃，食之能长命百岁。桃是长寿果，佩戴能长寿，生活甜蜜。

葫芦：葫芦是一种草本植物，早在新石器时代我国就有种植。自古以来我国人民就对葫芦有着深厚的感情：一是它可食用，如《诗经·小雅》载："幡幡夸瓜叶，采之烹之"；二可入药，具有消肿除烦、治热润肺的功效；三可作器用，即古称葫芦瓢者，至今仍然有一些地方在使用。古代夫妻结婚入洞房饮"合卺"酒，"卺"即葫芦，其意为夫妻百年后灵魂可合体，因此古人视葫芦为求吉护身、辟邪驱秽的吉祥物。葫芦又因谐音"福禄"，雕葫芦和小兽（寿）为福禄寿的意思。

豆角：四季发财豆或四季平安豆，也称福豆。通常在雕刻时，会雕刻三颗圆形的豆粒，并且要双面雕刻，喻意"连中三元（圆）"。

瓞：即小瓜。瓞初生时甚小，而后盛大。瓞取其福禄绵长、子孙万代之意。因"蝶"与"瓞"同音，故后人往往取瓜瓞绵绵之意，画瓜瓞以称颂亲友子孙昌盛。

荔枝：以荔枝为纹饰图案的玉雕作品自宋代已开始出现，也是当时人们喜爱用的一种纹饰。宋代玉带饰、金带饰均有"丝头荔枝"、"剔梗荔枝"等名目，是一定官僚品级的标志。周密《志雅堂杂钞》中说，北宋宣和制荔枝带"枝皆剔起，叶皆有脉"。荔枝和枝叶相互叠压，布局层次分明，富于立体感，这种深层透雕的创新手法一直影响到辽、金、元。明清时期的雕琢方法较之则有很多不同之处。荔枝谐音"利市"，寓意"一本万利"，为广大的经商人员所喜爱。

葡萄：因葡萄结实累累，用来比喻丰收，象征事业、生活方方面面。葡萄旧俗表示五谷不损，以喻丰收、富贵。葡萄成串则寓"多"之意，鼠在十二时辰中为子，寓"子"之意，合为"多子"。在清代玉雕作品中，松鼠、葡萄这一题材运用很多，纹饰多疏密对比有致，且利用天然皮色巧饰，颇具匠心，雕琢出有色彩变化的生动形象，寓意"数子连连"。

佛手：福寿之意，也叫招财手。佛手、蟠桃和石榴分别寓多福、多寿、多子之意，取材于"华封三祝"的典故。因佛手有"菩萨之手"之说，又与"福"谐音，因此玉雕中以佛手象征"福寿"。

石榴：象征多子多孙、家庭兴旺，其"榴开百子"的寓意已是众所周知。此外，文物图案中也有萱草和石榴放在一起者，称"宜男多子"。石榴果实多子，新婚置于室则子孙兴旺。

蟠桃：传说东方有桃树，以核作羹，食之益寿，因此以蟠桃、佛手、石榴纹寓意福、寿、子三多，是民间祈求家族兴旺的吉祥纹饰，也是玉雕中常见的题材之一。

麦穗：喻意岁岁平安。

荷莲：荷花为多子植物，又名莲花、水芙蓉，别称泽芝、菡萏。莲的品质诚如宋人周敦颐《爱莲说》所云："出淤泥而不染，濯清涟而不妖。"人们崇尚其纯洁高贵的气质，同时又取其寓意连（莲）生贵子，来表达美好的愿望。古人爱莲一是因其品行高洁，二是因其为多子植物，符合人们祈求子嗣繁衍的传统。后来人们又据其吉祥寓意衍生出各处寓意，如"一品清廉"、"喜得连科"、"并蒂同心"、"因荷得藕"、"本固枝荣"等。旧时官分九品，一品最高，莲谐音廉，含为官清廉寓意。"一品清廉"就是指虽然官高位显，但要廉洁奉公，不贪污，不受贿，这是千百年来人们对从政者道德操守的基本要求。佛座亦称莲座，出淤泥而不染，中通外直，清廉不妖，与梅花一起寓意和和美美，和鲤鱼一起寓意连年有余，和桂花一起连生贵子。一对莲蓬寓意并蒂同心。

柿子：寓意事事如意，百事大吉。

菱角：寓意伶俐，和葱在一起寓意聪明伶俐。

灵芝：称之为仙草、瑞草。灵芝在古代甚为难得，故被古人认为是天地精气所化，其出现是国家祥瑞的征兆。灵芝更被道家称为灵丹妙药，食之可长生不老，贯通神明。如此灵验之物，其吉祥寓意自然被运用到艺术创作之中。以灵芝、水仙、石头、竹子为图案，称"芝仙拱寿"；以天竺、水仙、灵芝组成图案，称"天仙寿芝"，有长寿如意之意（图7-3）。

图7-3 翠灵芝佩，清，长5.5cm，宽3.2cm

牡丹：牡丹从唐代开始就成为人们热衷赞扬的百花之王。宋以后，随着吉祥图案的盛行，古人又把牡丹花作为富贵的象征。"国色天香"、"花开富贵"等纹饰图案中主要采用牡丹花团锦簇之态寓意繁荣昌盛、幸福和平；此后，又出现了许多与牡丹花样搭配的图案，如牡丹与瓶子一起寓意"富贵平安"；牡丹与公鸡一起寓意"功(公)名(鸣)富贵"；后来，又发展出白头富贵(白头鸟、牡丹)、长命富贵(牡丹、寿石)、玉堂富贵(牡丹、玉兰)、满堂富贵(牡丹、海棠)、富贵耄耋(牡丹、猫、蝴蝶)、富贵有余(牡丹、鲤鱼)等丰富多彩的寓意。

花生：寓意长生不老，俗称"长生果"，和草龙一起，寓意生意兴隆。

树叶：翠绿的树叶，代表着勃勃生机，意喻生命之树长青。

辣椒：椒与(交、招)谐音，佩戴翡翠辣椒，即寓有交运发财、招财进宝之意。

玉米：金黄的玉米寓意"金玉满堂"，佩戴玉米图案翡翠，可使生意兴隆；玉米多子，子孙满堂，也寓意"多子多福"。

白菜：菜与"财"谐音，佩带翡翠白菜，即聚百财于一身，寓意"财源滚滚来"；也寓意"清白传家"。

(三)动物类

龙：能兴云布雨，利益万物，顺风得利。龙是英勇、权威和尊贵的象征，被历代皇室御用，民间将其视作神圣、吉祥、吉庆之物，与凤一起寓意"龙凤呈祥"。

凤：百鸟之首，祥瑞的化身，美好和平的象征，被作为中国皇室最高女性的代表。龙代表鳞兽类动物的图腾，凤代表鸟类动物的图腾。两部落冲突，龙胜，合并了凤，从此，天下太平，五谷丰登。祥云代表有好的预兆，表示对未来的美好祝愿。把结婚之喜比做"龙凤呈祥"，表示夫妻喜庆。

貔貅：招财进宝的祥兽，据说是龙王的九太子，它的主食是金银财宝，因其有口无肛，故寓意金银财宝只进不出。民间有"一摸貔貅运程旺盛，再摸貔貅财运滚滚，三摸貔貅平步青云"的美好祝愿。

金蟾：蟾与钱谐音，常见蟾口中衔铜钱，寓意"富贵有钱"。

麒麟：即瑞兽，只在太平盛世出现，是仁慈祥和的象征，又有"麒麟送子"之说，寓意麒麟送来童子必定是贤良之臣。

仙鹤：寓意"延年益寿"。鹤有一品鸟之称，又意一品当朝或高升一品，与松树一起寓意"松鹤延年"，与鹿和梧桐寓意"鹤鹿同春"。

神龟：为长寿象征，祝人长寿健康有"龟龄鹤寿"之说。平安龟或长寿龟，与鹤一起寓意"龟鹤同寿"。带角神龟即长寿龟。

玄武：玄武是龟和蛇的合体。"东苍龙、西白虎、南朱雀、北玄武"代表东、西、南、北4个方位。玄武主招财，自古以来都被视为守护神。

勇狮：表示勇敢，两个狮子寓意"事事如意"。一大一小狮子寓意太师少师，意即"位高权重"。

螭龙：传说中没有角的龙，又叫螭虎或草龙。螭虎在古文化中代表神武、力量、权势、王者风范，极为善变，能驱邪避灾，寓意美好、吉祥。

灵猴：聪明伶俐，也有封侯（猴）做官之意，与马一起寓意"马上封侯"，与印一起寓意"封侯挂印"。大猴背小猴寓意"辈辈封侯"。

鲤鱼：鲤鱼跳龙门，比喻中举、升官等飞黄腾达之事，后来又用来比喻逆流前进，奋发向上。龙头鱼寓意高升。

金鱼：寓"余"，表示富裕、吉庆和幸运，寓意"金玉满堂"。

鲶鱼：寓意连年有余。

驯鹿：是长寿的仙兽，常与仙鹤和寿星一起保护灵芝仙草，寓"禄"，表示长寿和繁荣昌盛，有福禄之意，与官人一起寓意"加官受禄"。

鹦鹉：是鸟类里寿命最长的长寿鸟，也叫"英明神武"。

瑞兽：与蝙蝠、铜钱、喜鹊一起寓意福禄寿喜。

天鹅：由于天鹅的羽色洁白，体态优美，叫声动人，行为忠诚，人们不约而同地把白色的天鹅作为纯洁、忠诚、高贵的象征。

喜鹊：表示日日见喜。喜鹊面前有古钱，"喜在眼前"；喜鹊和三个桂圆，"喜报三元"；天上喜鹊，地下獾，"欢天喜地"；两只喜鹊寓意双喜临门；和豹子一起寓意"报喜"；喜鹊和莲在一起寓"喜得连科"。

蝙蝠：寓意福到和福气。5个福和寿字或寿桃，寓意"五福献寿"。蝙蝠和铜钱在一起寓意"福在眼前"，与日出或海浪一起寓意"福如东海"，与天官一起寓意"天官赐福"。

大象：寓意吉祥，与瓶一起寓意"太平有象"。

雄鸡：寓意吉祥如意，常带5只小鸡寓意"五子登科"。

鹭鸶：羽色绚丽，雌雄偶居不离，古称"匹鸟"，象征夫妻恩爱、永不分离，寓意"一路平安"，与莲在一起寓意"一路连科"。

螃蟹：寓意"富甲天下"或"横行天下"。

鹌鹑：寓意"平安如意"，和菊花、落叶一起寓意"安居乐业"。

龙鱼：龙头鱼身，是鲤鱼喜得龙珠而变成，鱼化龙是一种蜕变。

壁虎：寓意"必得幸福"。

蜥蜴：寓意"今非昔比"。

蜘蛛：其8只大足踏进八方，寓意"知足常乐"。

蝴蝶：破蛹而出，诞生崭新的生命，寓意不朽。猫、蝶谐音耄耋，因古语有"七十曰耄，八十曰耋"，寓意"高寿延年"。几只蝴蝶在一起，寓意"福叠"；

獾：寓意"欢欢喜喜"。据称獾是动物界中最忠实于对方的生灵，如果一方走散或是死亡，另一方会终生都在等待对方，决不移情别恋，因此在我国有雕双獾作为夫妻定情之物的说法。"双欢"就是雕刻两只首尾相连的獾。

甲虫:寓意"富甲天下"。

鳌:是传说大海中的龙头大龟,仙鹤站在鳌身上,寓"独占鳌头",古时表示科举成功。

蝉:也叫"知了",寓意"知道了",即读书一听就会,功课进步。

熊:与鹰一起寓意"英雄斗志"。

鼠:机巧聪敏,仁慈乐观,配有金钱图案,为金钱鼠,象征富贵发财的属鼠人。

牛:寓意"勤劳致富",购股票有牛市的寓意,佩戴参与的人能赚钱。

虎:比喻威武勇猛,显示一种实力。

兔:人人喜爱的动物,温雅美丽。

蛇:代表小龙,佩戴能使人顺风得利,有君子之德。

马:寓意"马上发财"、"马到功成"、"马上封侯"、"马上平安"(马上相逢无纸笔,凭君传话报平安)。

羊:因羊与"祥"和"阳"谐音,寓意"吉祥"和"三羊开泰",是吉运之兆。

猴:猴子在枫树上,寓意"封侯挂印"。

鸡:因鸡与吉谐音,寓意"大吉大利";翡翠雕锦鸡,即寓意"锦绣前程"。

狗:做事敏捷,忠诚,有吉祥狗、富贵狗、欢喜狗的说法。

猪:小猪天生就是富贵命,胖嘟嘟的,富态十足。

(4)成语故事类

流云百福:由云纹和蝙蝠组成。云纹形若如意,绵绵不断,意为"如意长久";"蝙蝠"寓"遍福",象征幸福延绵无边。

必定如意:"笔"谐"必"音,"锭"音定,合为"必定如意"之谐音。

三阳开泰:"羊"、"阳"同音,"三羊"喻"三阳",开泰即启开的意思,预示要交好运。"三阳开泰"寓意祛尽邪恶,吉祥交好运。

戟、磬:谐音吉庆,寓意"吉祥幸运"。

洞天一品:太湖石造型,寓意"书香门第"、"品性高远"。

枯木逢春:意为玉石雕刻成朽木和新芽。

花好月圆:牡丹和月亮。

欢天喜地:獾和喜鹊。

渔翁得利:寓意"福祥吉利"。

麒麟献书:意为孔子救麒麟得天书,努力学习终成圣人。

君子之交:灵芝和兰草。

一品清廉:"莲花"又叫"青莲",佛教中有"火坑中有青莲"之说,莲花通常比喻"清正廉洁",民间多用一茎莲花或一茎荷叶象征"一品清廉",希望从政者廉洁清正。

苍龙教子：一大一小两条龙或鲤鱼跳龙门、龙头鱼等皆为此意。

平升三级：花瓶中插三只戟，又有"吉庆有余"之意。

官上加官：鸡冠花上站蝈蝈或雄鸡和鸡冠花。

连中三元：常用荔枝、桂圆、核桃表示连中三元，即解元、会元、状元。

一路连科："鹭"与"路"同音，"莲"与"连"同音，芦苇之"芦"与"路"谐音。芦苇生长，常是棵棵连成一片，故谐音"连科"取意。旧时科举考试，连续考中谓之"连科"。鹭与荷花、芦苇组成的图称"一路连科"，寓意应试求捷，仕途顺遂。一路连科又叫"喜得连科"，有祝贺连连取得应试好成绩之意。

三、翡翠的保健文化

（一）玉养人、人养玉

自古以来，上至帝王将相，下及民间百姓对美丽的玉石，都非常珍视，认为玉石是阴阳二气的精纯，对人体健康有着神奇的作用。

"人养玉，玉养人"其实是民间的一个常识。玉石是一种蓄"气"最充沛的物质，千百年来，皇室贵族除了佩戴宝玉之外，还有服食玉屑珠粉之好，甚至死后，口中都还要含玉璧，或者穿着玉衣，藉以保护遗体。

东晋道教学者、著名炼丹家、医药学家葛洪在其著作《抱朴子内篇》中载："玉亦仙药，但难得耳。玉经曰：服金者寿如金，服玉者寿如玉也。又曰：服玄真者，其命不极。玄真者，玉之别名也。令人身飞轻举，不但地仙而已。"即为服用玉石便可长身不老的观点，葛洪认为："夫五谷犹能活人，人得之则生，绝之则死，又况于上品之神药，其益人岂不万倍于五谷耶？"用现代的科学知识对其进行分析可知，当时的神仙方数把人体复杂的运动结构规律与自然界无机物的化学反应规律混同起来，等量齐观，认为玉质不朽，人服用了玉屑便可成仙不死，这显然是荒谬的。但由此可见，玉石自古以来就是和金子一样珍贵的材质，自古就被道家当作神仙方数入药的珍贵药材。

而翡翠作为玉石中的一种，由于埋藏在地下几千年甚至上亿年，其结构中含有大量铝、铬、铁、硅、钠等矿物元素，如果身体好的人长期佩戴翡翠可以滋润它，翡翠的水头也就是透明度也会越来越好，越来越亮，达到"带活"的效果。如果身体不好的人长期佩玉，玉中的矿物元素会慢慢通过皮肤的浸润，进入人体，从而平衡阴阳气血的协调，促进身体健康。

据矿物医学研究证明，嘴含翡翠，借助唾液与溶菌能生津止渴，除胃热，平烦懑之气，滋心肺，润声喉，养毛发。传说唐太宗最宠爱的杨贵妃，因为贪食佳果，又懒于运动，导致体质湿热，产生了口腔异味的尴尬。经过宫中一位名医的诊断后，杨贵妃将一对红、绿翡翠小鱼含于口中，一段时间后，口腔中的问题逐渐得到改善。

翡翠除了能祛病强身之外,还有美容养颜的奇效。翡翠对菌类还有抑制作用,故可治疗人体的面部斑痕及过敏等症。在《御香缥缈录》中有这样的记载,慈禧太后有一套奇特的美容大法,就是每日用玉碾在面部搓、擦、滚。玉碾是用珍贵的特种玉石制成的一根短短的圆柱形玉辊子。而且清代嫔妃使用的太平车也是采用的这种玉石。古人认为,玉是由玉液凝结而成,它能够发气,可以吞吐。中国医学名典《本草纲目》记:特种玉石具有清热解毒、润肤生肌、活血通络、明目醒脑之功效。

那么,特种玉石是怎样使绝世佳人的红颜永驻呢?近代高技术测试发现,翡翠具有特殊的光电效应,在摩擦、搓滚过程中,可以聚热蓄能,形成一个电磁场,相当于电子计算机中的谐振器,它会使人体产生谐振,促进各部位、各器官更协调、更精确地运转,从而达到稳定情绪、平衡生理机能的作用。此外,根据生化分析得出,有些特种翡翠还含有对人体有益的微量元素,经常接触人的皮肤可以起到现代科学尚难全部弄清的治疗保健作用。

(二)翡翠保健饰品的选择

《唐本草》、《神农本草》、《本草纲目》中均提及玉石"可安魂,疏血脉"、"润心肺"、"明耳目"、"柔筋强骨"……而根据现代科学测定,玉材本身含有多种微量元素,如铬、铁、锰、硒、钙、钾、钠等,长期佩戴对人体有益。因此,我们可以选择与自身实际问题相关的翡翠首饰来进行佩戴。

耳环——在古时候称"珥珰",现在人们叫做耳环。耳朵与膀胱、泌尿系统经脉相通,先人曾用"璧"锯开约耳厚的缺口,挂在耳朵上,通常佩戴可刺激泌尿系统的相关穴位,防止泌尿系统感染症状问题的产生。

项链——颈项、咽喉、胸等部位与生殖系统经脉相通,以美丽的珠玉、穿孔串好戴在颈部,可以镇静安神,改变急躁脾气,对咽喉炎、女子月经前后头痛、眩晕等症状有辅助疗效。特别是一些具有刻面的翡翠,因为其佩戴刺激到"龙颔"、"神府"等穴位,就如同针灸疗法一样,对人体具有明目、提神、补脏、降血压和治疗风湿的神奇功能。

戒指——十指与五脏六腑及神经系统经脉相通,而各手指的经脉又依阴阳五行说的延伸内涵有着不同的解释。食指为肝、胆脏系统,属木,喻仁;中指为心脏及血循环系统,属火,喻义;无名指为肺脏及呼吸系统,属金,喻礼;小指为肾脏及泌尿生殖系统,属水,喻智;拇指为脾,胃脏及消化系统,属土,喻信。依上述之解释,可将翡翠戒指戴在相关手指治疗相关的疾病;依上述之解释,将戒指戴在小指可增智,戴在无名则知礼,戴在中指可增强行动力等。

手镯——人体的一些经络从手指开始,经过手腕到手臂上行,穴位分布于经络上。若镯、链紧贴"内关"、"外关"、"养老"、"阳池"、"神门"、"通里"等穴位,随着手臂活动,摩擦穴位,可发挥宁心安神、舒筋活络、抑制体重的功用。

(三)翡翠与修身养性

相传盘古死后,他的呼吸变成风和云,他的肌肉化成土和地,而骨髓就变成玉石和珍珠,因此玉器被视为吉祥物,具有驱邪避凶的魔力。《山海经》亦云:"君子服之,以御不祥。"就是说,君子若佩戴玉,可以抵御不祥之物的袭击,得到保护而平安无事。《拾遗记·高辛》也记载有玉器的驱鬼防邪之事。"丹丘之地有夜叉驹跋之鬼,能以赤马瑙为瓶盂及乐器,皆精妙轻丽,中国人有用者,则魅不能逢之。"而唐代《杜阳杂编》中则记载了一种香白玉,是一种奇玉,本身有天然的香味,可在数百米外嗅到,纵使藏于锦盒或金函、石匣中,也不能掩其气味,据说还能避邪。

其实,古人认为玉能避邪主要还是出于精神上的需求。人心情烦躁、苦闷、无聊、落寞或疲倦时玩玩玉,可以得到很好的调剂。尤其是现世人事复杂而纷扰,生活方式平板枯燥而机械化,生活步调亦过于匆促。人生亦多灾祸、意外、伤病、不幸和一些猝不及防的事情,常使人觉得不安全、疑惑、动荡、受苦、茫然、无奈、不知所措。玉,却给人带来一种安全感,使人重拾信心。从古至今,人的生活总不安稳,令人对生死和命运感到惶惑而不可把握。自古以来,民间男女相信玉能护身、定惊、避凶、安家、驱邪,令人如意吉祥、平安顺利。玉代表生命中的正气、好运、德行、内涵和灵性,因而能帮助人在不可信任的生命中重获意义与自信。故从心理上分析,相信玉能护身,不纯是盲目的迷信,而是带有远古迄今的民族心理,十分微妙。可以说玉象征了生命的某些东西,人们佩戴玉、收藏玉、摆设玉,是求心之所安。在日常生活里,安心和信心都是十分重要的,但是在多变而复杂的社会中,却又是不少人难以获得的。

四、翡翠的佩戴文化

(一)玉缘

人常说"金银有价,玉无价"。金和银的身价,是以它的纯度和重量来定价的。在西方人眼中称为"宝石之王"的钻石,也可以凭借对其净度、切工、颜色、重量,也就是我们常说的"4C"标准——clarity,cutting,color,weight 这 4 项因素来进行准确定价。而一块好的翡翠的身价,却很难参照这个标准。衡量翡翠的价值,虽然也有一个客观尺码,如它的颜色、它的晶莹,它的柔润以及它的细腻和工艺等,而论到最后关头,所有这些标准都不是最主要的了,剩下的只是买者对它喜欢与否了。如果买主喜欢,就可以凭借自己的财力,心甘情愿地抛出惊人的大价钱。在买者看来,他所买到手的已不是简单的有明码标价的商品,而是一份非常难得的心情。我们翡翠行业中,把这称为"玉缘"。这种与石头之间一见如故的情感是那些不懂翡翠文化的西方人无法理解的。这种文化现象,在中国、日本、朝鲜、韩国、缅甸及东南亚一带的东方民族中尤为突出。

东方人为什么会对翡翠如此钟情和倾倒？智者见智，仁者见仁，这是一个很难说清楚的问题。这里既有历史原因，也存在着因地域的不同而产生的兴趣和审美差别。但是，对于佩戴翡翠饰品的人来说，翡翠是一种有灵性的矿物，吉祥美好的灵物，它对于佩戴者有着只可意会、无法言传的心灵暗示作用，用于修身养性效果极佳。其中，"戴活"和"替主"是两种最受大众认可，也是在翡翠行业中最为津津乐道的说法。

1. 戴活

"戴活"，是卖家常向买家推销的一种手法，意思是把一块翡翠日夜不离地佩戴在身上，这块翡翠就会因为主人的精气产生"灵气"而变"活"，那么这块翡翠就可以进行生长，里面的绿色就会慢慢变多，本身的透明度也会越来越高。卖家还会举出很多实例，来证明这个独特的现象。

翡翠也叫硬玉，是宝石玉的名称，其矿物学名称叫钠辉石。在人工翡翠的研究中，证实纯的钠辉石是无色的，只有加入铬的化学试剂后才能出现绿色。所以，天然的翡翠带不带绿色，就看翡翠形成时内部有没有"混入"铬，并且"混入"的铬越多，翡翠就越绿。但对于从矿山或河溪中获得的翡翠加工成的戒面或其他首饰来说，其内部含铬的多少已经固定了。所以，翡翠首饰上的绿一般来说不是活的，也不是戴的时间越长，绿就越长越大。

但在特殊情况下，绿色会稍微扩大。这是因为人体有一定的温度，还容易出汗，汗水中有酸或碱性成分，这些成分可以从翡翠的微裂隙中渗入内部，其中某些成分可能会与产生绿色的铬离子产生化学反应或者把已经固结在翡翠中的铬离子溶解而产生迁移，这样就显得绿色"长"大了。其实，翡翠中产生绿色的铬的含量没有任何变化，只是微量铬产生扩散或迁移而已，这就是人们觉得绿"长"的原因。产生绿"长"的翡翠主要有翡翠项链、翡翠手镯和翡翠项牌等与皮肤紧密接触的翡翠首饰。这时，有些人便会认为这个经过佩戴的翡翠发生了变化，好像在戴玉人身上真的出现了第二条"生命"。

2. 替主

"替主"，是指翡翠可以替佩戴它的主人阻挡灾难。据说唐朝时有一家的独生子被抓去从军，临走时母亲将家里收藏的一块翡翠挂在儿子的脖子上，并再三嘱咐儿子，一定要时刻戴在身上。儿子当时并不明白其中用意，只是答应照办就是了。在一次战斗中，敌人向着他的前胸刺来一枪，那块玉石被刺碎了，但儿子却安然无恙。

另外，我们的先人们还有一个习惯，就是在一个人停止呼吸后，大多要在他口中放一块玉石，说玉石有灵气，只要有玉石在身，一个人的灵气就不会消失。根据资料查实,清王朝的最后一位执政者慈禧太后死了以后,在大量的随葬珍宝中,很大一部分是她生前喜欢的各色翡翠。其中的翡翠西瓜尤其著名,这两只用翡翠俏色雕成的西瓜,瓜皮是绿色的"翠",瓜瓤是红色的"翡",还有几粒瓜子是黑色的。当时就有人估价说,仅这两个西瓜就值五百万两白银。

东方人为什么会对玉石如此钟情和倾倒？这里既有历史原因,也存在着因地域的不同而产生的兴趣和审美差别。比如对于各种玉石和怪石的兴趣,据说全世界喜欢玩石头的人数已接近上亿。而在这上亿玩石族中,竟有90%以上是在亚洲,而在这90%者中,又有90%以上是在上面提到的那些处在亚洲东部的一些国家。在这些众多的玩石者眼里,那些千姿百态、色彩各异的石头,已不单单是用科学眼光而界定的矿物质,而是一些有灵性、通人性的珍宝。东方人对于玉石的喜爱和崇拜,竟然到了如此地步,而对于玉中之王翡翠的钟情,当然更会痴迷有加。

(二)几类特殊翡翠饰品的佩戴文化

1. 佛公、观音——祈福、纳祥类

1) 男戴观音女戴佛的起源

佛,意译觉者、知者,觉悟真理之意。亦具有自觉、觉他、觉行圆满,成就正觉之大圣者,乃佛教修行之最高果位。佛是大智、大悲与大能的人,是慈悲与善的化身,更是无数向往真善美的劳动人民的心灵寄托。所以翡翠玉佛不仅寓意吉祥与平安和祛邪避凶,也代表着对佛和对翡翠的崇敬,是人们把对佛的崇拜寄托承载在翡翠这个包含美好因素的圣物之上所产生的佛具。

翡翠玉佛是翡翠与佛的结缘,将翡翠雕刻成佛,这是中华民族翡翠文化和佛像文化的融合,更加赋予了翡翠以高贵的象征,也充分体现了佛的尊严。佛

图7-4 无色冰种坐佛
(图片来自网络)

是翡翠摆件、把件、挂件常用的传统题材,常取大肚弥勒佛的造型(图7-4),实际上是取自五代梁时的僧人布袋和尚的形象,布袋和尚又名"契此",常以背负着一只布袋入市,出语无定,寝卧随处,形如疯癫。弥勒佛在佛教中被称为未来世佛,是继

释迦牟尼之后掌管佛国的未来佛,是掌管未来世界的教主,有着慈悲的胸怀和无边的法力,可以帮助世人渡过苦难。弥勒佛以大肚、大笑为形象,有"大肚能容天下难容之事,笑天下可笑之人"之说。翡翠玉佛的寓意代表了人们向往宽容、和善、幸福的愿望,也成为了解脱一切烦恼的化身。在民间还有五子戏弥勒、六子闹弥勒的传说,也常常体现于翡翠摆件的雕刻上。

现如今的佩戴习惯一般是"男戴观音女戴佛"。身为女子,世事烦扰,难免愁肠百结,佛的宽容、大度、静默正可化解种种愁绪。因此,女子佩戴佛,可促使自己平心静气,豁达心胸,静观世事起伏,笑看风起云涌。

观音菩萨,梵文 Avalokitesvara,又作观世音菩萨、观自在菩萨、光世音菩萨等,从字面解释就是"观察(世间民众的)声音"的菩萨,是四大菩萨之一。她相貌端庄慈祥,经常手持净瓶杨柳,具有无量的智慧和神通,大慈大悲,普救人间疾苦。当人们遇到灾难时,只要念其名号,便前往救度,所以称观世音。观音心性柔和,仪态端庄,由男士来佩戴,可消弥暴戾、远离是非、世事洞明、永保平安、消灾解难、远离祸害。观音菩萨可以救助世上的一切痛苦和困厄。观音菩萨能急人所急,难人所难,随时解救困厄的人。观音可以现出三十三应身,能把人渡往幸福的彼岸。

2)挑选佛公和观音时的注意事项

佩戴玉佛或观音时,应该用一颗虔诚的心意,将请来的玉佛、玉观音挂在脖子上,贴在胸口,佩戴者念佛经时则会用一颗更加真诚的心祷告,而在日常生活中也会牢记佛祖的教诲。与此同时,当佩戴者念佛经时,佛也会更加容易感受这一份虔诚与真心。同时,佩戴玉佛的时候不应产生邪念、妄念,否则会玷污玉佛,受到惩罚。

那么,在挑选玉佛的时候,我们通常不说"买"玉佛、观音,而要说"请"玉佛和观音,那么,如何请一尊翡翠玉佛或是观音来陪伴自己祈福避邪呢?

(1)翡翠玉佛的品相(观音同理)

一件品相好的翡翠玉佛会使人感觉赏心悦目,增加好的心情。在挑选玉佛时,首先要注意玉佛的眼睛,一定不要有任何瑕疵,翡翠玉佛的眼睛是关键,看它笑的样子是不是呈豌豆型,这样的笑最完美。翡翠在雕刻玉佛和玉观音时要尤其注意,雕刻时一定要将干净无杂质的部分做成佛的脸面,佛的面孔上一定要无绵、无花,脸的颜色要均匀,并且要雕刻成笑脸。佛像的五官要端正,样貌要慈祥,脸部大小要匀称,下巴部位也要重点关注,一定要圆润,而且要对光看是否有瑕疵。整个佛像的身体比例要协调,不可太宽或太窄,否则会影响整体效果。雕刻的头、手、脚身材要尺寸比例对称,避免出现大小眼、阴阳脸、五官不端正等现象。

(2)翡翠玉佛的肚子

一般在挑选翡翠玉佛的时候,最好选大肚子的弥勒佛,但也不要太大,做工要精细,翡翠的色泽温润即可。弥勒佛是一个大肚、开口大笑的形象,大肚就是要大度宽容,大笑就是笑向人生,乐观地对待人生。

(3)翡翠玉佛的质地(观音同理)

在挑选玉佛的时候,要注意的就是,看翡翠是否均匀,没有瑕疵的最好。种头主要看玉质是否细腻,水头是越透明透亮的越好。玉中,为翡翠玉最贵,但是请佛不一定要极品的翡翠制成的玉佛,关键还是在于佩戴者的心境。在心诚的情况下,翡翠的价值倒是可以暂时放在一边,只要玉料均与、协调、无破损即可。

(4)翡翠玉佛的雕工(观音同理)

翡翠玉佛的雕工主要看翡翠的雕刻线条是否流畅,其次还要观察佛像的背面是否平整,如果遇到一些用眼睛能够看到的纹理,可以用指甲刮一下纹理处,如指甲能感觉到,就证明这个纹理是一个由内及外产生的裂隙,如果指甲刮感觉不到,就是商家所讲的"石纹",是佛像内部天然形成的一个结构。

(5)翡翠玉佛的颜色(观音同理)

翡翠玉佛的颜色也比较多样,可根据翡翠的颜色与自己的年龄、肤色来选择适合自己的。一般是年纪长者佩戴深色翡翠玉佛,年纪小的人们佩戴淡色翡翠玉佛。对佩戴者来说,无论哪种等级的颜色,都希望陪伴自己一生的是最好的。

(6)第一印象(观音同理)

拿到翡翠玉佛的第一印象很重要,如同一眼见到钟情的人一般,笑的灿不灿烂,看准了就可按以上方法购买。别人给你的建议只能作为建议,因为他是你的贴身宝贝,自己选择喜爱的宝贝,才是真正和自己有缘的!最后记得要在正规的商家购买,品质有保证。

3)玉佛开光(观音同理)

"开光"是佛教中的词汇,是指佛像落成后,择日致礼而供奉之。开光是请佛菩萨安住,让佛菩萨的形象开发我们自性的光明。在翡翠饰品中,多数人会将翡翠观音、玉佛、翡翠貔貅开光。

图7-5 飘花冰种站佛

一般人在正式供养佛菩萨形象之前,都要为玉佛开光举行一个仪式,不是人替佛菩萨开光,是佛菩萨为人开光。开光仪式就是启用典礼仪式,是要告诉大众,佛像所代表的意义。譬如说观世音菩萨代表的是慈悲,供养观世音菩萨,就意味着把菩萨大慈大悲救赎一切众生这个本愿宣说出来。我们供养佛菩萨，就要效法佛菩萨开口便笑、大肚能容、大慈大悲、救苦救难的愿望。所以见到佛菩萨的形象，听到佛菩萨的名号，就把我们这种心愿引发出来。

关于玉佛如何开光的方法，有很多种，最受人推崇的办法有把玉佛公带到寺庙请高僧诵经文来开光，有放于野外吸收日月精华的，还有用阴阳水（即雨水与井水一起）洗遍全身的。佛教中，开光是一种表示恭敬、隆重的仪式。如果人们认为自己具备足够的恭敬心、清净心和信心，自己也可以开光。这样开过光的玉佛的精神就更加明确，佩戴的人会得到一种崇敬的心理寄托，会慢慢地影响到自己的性格、观念，从而使自己的人生得到一种升华，长久下去便会越来越幸福。

2. 三脚蟾——招财、避小人

1）三脚蟾的起源

三腿的蛤蟆被称为"蟾"，传说它能口吐金钱，是旺财之物。古代有刘海修道，用计收服金蟾以成仙，后来民间便流传"刘海戏金蟾，步步钓金钱"的传说。

三脚蟾蜍天性喜欢金银财宝，对钱财有敏锐洞悉力，很会挖掘财源。刘海禅师平生喜欢布施济贫，得到三脚蟾蜍之相助，救济贫穷百姓无数。此后，三脚蟾蜍便被认定为"招财宝物"。

2）挑选三脚蟾的注意事项

金蟾的造型很多，一般选择蹲于金元之上的三足蟾蜍，背负钱串，丰体肥硕，满身富贵自足，有"吐宝发财，财源广进"的美好寓意，所以民间有俗语"得金蟾者必大富"。放置此物于家居或商铺之中，定然财运亨通，大富大贵。

另外，要注意三脚蟾一定是有三足，背上要背有北斗七星，口中要衔一枚古钱，寓意"有衔（闲）钱"。如果能够在请到的三脚蟾嘴边镶一粒钻石，则会更有彩头，"吻钻"谐音"稳赚"。

3）三脚蟾开光

开光是指宗教里具有开光资格的法师，持咒诵经净化并开启吉祥物，对其灌注纯阳之气并赋予特殊的灵力，使其可以祈福、辟邪护身或调整风水。现在开光有很多形式存在，甚至只用几分钟的时间也被称为开光，但这些都没有任何用处，只是走了一下形式而已。

首先，从开光物品上讲，可以开光的，只有佛像或者能被称为吉祥物的物品，并不是任意一件物品通过开光，都能产生功用。

第一，对开光法师的要求。开光需要有很深造诣的专业宗教人士才能完成。以佛教为例，至少要在寺院修行20年的僧人才有这样的备选资格，并且要通过对开光者的法力、心态、人品和长期修炼的经文等一系列的考察，才能确定是否有资格来完成开光仪式。

第二，从开光时间上要求，一般45分钟为一个开光时间。在经文方面，通常要诵读两种不同的经文。现在吉祥物开光时所诵经文是《经光神咒》和《心经》。用两种吉祥和有助心态健康的经文才能达到开光效果。经过开光的吉祥物，附有祝福、带有祈福辟邪的功效。开光分为以下几个步骤。

(1) 准备法事。它包括准备法器、朱砂、毛笔、新毛巾(白色和黄色)、新化煞镜(没有用过的镜子)、柳树条、净水(露水)。

(2) 择吉念经。这是指通过宗教信仰，选出吉时，准备两种经文，诵经时间一般为45分钟。对吉祥物开光诵读的是《经光神咒》、《心经》。在吉祥物开光仪式中，诵过《经光神咒》之后，在诵《心经》的同时，围绕吉祥物反复转动，并用柳树条将净水撒于吉祥物上。

(3) 去煞除尘。最高法师右手持白毛巾(或者是黄色毛巾)，在吉祥物周围顺时针擦拭3次，逆时针擦拭3次。其意义是擦去吉祥物过去旧的信息，就像洗澡一样，除去尘土，除去以前的杂乱的信息，以达到净化作用，为下一步注入阳气作准备。

(4) 镜注阳气。法师口中不停念诵经文，用镜子对光的反射，照在吉祥物上(镜子可以透视灵魂，聚集八方阳气镇压阴恶凶灵，在诵读经文的同时，能将纯阳之气引入开光吉祥物之中。古代小说中多有对镜子的描写，在古代四大名著《红楼梦》、《西游记》中，就有不少对镜子描写的笔墨，《封神榜》中更有对镜子的描写)，再次净去没有完全擦去的煞气、旧的信息和尘土，赋予吉祥物阳气和灵气。

(5) 神笔点砂。这一步是画龙点睛，是给某个吉祥物护身，就像是给吉祥物披上红袍一样，加持正阳之气，使不正之气见而避之。最后这一步，佛教开光法师用加持过法力的神笔，沾上朱砂，持笔凌空写上咒语，口中念到"开光"、"开光"、"开光"，至此，开光仪式进行完毕。

4) 三脚蟾供奉和清洁的忌讳

翡翠蟾蜍的摆放也是很有讲究的，人们通常把蟾蜍叫金蟾，古语讲"家有金蟾，财源绵绵"。

如果请到的三脚蟾是翡翠摆件，一般可以摆在家中的保险柜上。摆放的时候，早上要将头朝外，晚上则转朝屋内，转向时要喊一声"刘海仙人到"，此时金蟾一听到主人来了，一高兴便将白天咬得的财宝放开口来。在它的尾部压上钱，代表可以双倍地滚财。

生意人可将金蟾放在门口，帮助广吸财源，日日进财。还有一种说法：因其有吐钱的本事，含有钱的金蟾摆放时应该冲屋内(吐财)，不含钱的金蟾摆放时应该冲屋外(吸财)。翡翠的三脚蟾适合摆放在五行属木土的方位，铜制品的金蟾适合摆放在五行属金水的方位。如果摆放得时得位，其一两个月即能见效。请到较大金蟾时，它的身下一定要有一个圆盆（盆沿比蟾脚略高一点），盆的颜色也一定不能是白色，盆的材质应为铜、玉石或者是钢。

另外，按照老的规矩，将金蟾请进门时要注意选择时辰，外加要焚香引路。

3. 貔貅——招财、辟邪类

1）貔貅的起源

相传貔貅是一种凶猛瑞兽，而这种猛兽分为雌性及雄性，雄性名"貔"，雌性名为"貅"。但现在流传下来的都没有分为雌雄了。在古时这种瑞兽是分一角和两角的，一角的称为"天禄"，两角的称为"辟邪"。后来再没有分一角或两角，多以一角造型为主。在南方，一般人是喜欢称这种瑞兽为"貔貅"，读作"píxiū"之音，而在北方则依然称为"辟邪"。至于"天禄"，则较少有人用以称这种瑞兽，还有人将它称为"怪兽"或"四不像"。

据古书记载，貔貅为古代五大瑞兽之一（龙、凤、龟、麒麟），称为招财神兽。貔貅曾为古代两种氏族的图腾，传说因帮助炎黄二帝作战有功，被赐封为"天禄兽"，即天赐福禄之意。它专为帝王守护财宝，也是皇室象征，称为"帝宝"，又因貔貅专食猛兽邪灵，故又称"辟邪"。中国古代风水学者认为貔貅是转祸为祥的吉瑞之兽。

貔貅也有公母之分，民间传说公的貔貅代表财运，而母的貔貅则代表财库，有财要有库才能守得住，因此收藏貔貅大多都一次收藏一对，才能够真正地招财进宝。但如果要戴在身上，还是一只就好，以免打架。

据说貔貅是龙王的九太子，它的主食竟然是金银珠宝，因而自然浑身宝气，跟其他也是吉祥兽的三脚蟾蜍等比起来体面多了，因此深得玉皇大帝与龙王的宠爱。传说貔貅因惹玉皇大帝生气了，被一巴掌打下去，结果打到屁股，屁眼就被封了起来，从此，金银珠宝只能进不能出。这个典故传开来之后，貔貅就被视为招财进宝的祥兽了。

2）挑选貔貅的注意事项

貔貅的特点是嘴大无肛，只吃不拉，意味着只进不出，对于财富来说当然是多多益善，所以民间相信貔貅有招财的作用，其中又以玉制的貔貅招财力量最强。一般从事外汇买卖、股票经营、金融投资等行业的人尤其喜欢佩戴貔貅。生意人也喜欢将铜制或是陶瓷制作的貔貅放在公司或家中。另外，还有很多人相信佩戴貔貅在玩麻将时可以带来好运。

貔貅在五行风水中带火性，能招来大量的金钱，使世间财源自此打开。在家宅或工作地点的适当位置置放貔貅，可收旺财之效。一般做偏行的人都认为"貔貅"会旺偏财的，所以他们都会在公司或营业地方摆放一只貔貅，属偏行的行业有外汇、股票、金融、赛马、期货等。

（1）貔貅不能用"买"这个字，一定要用"请"，也不能用"货"这个字，这是对灵物的不敬。

（2）貔貅的样子要越凶越好。貔貅的头偏向一边，即歪着脑袋的，是代表守歪财，直着身子和脑袋的是守正财。但有一点要留意，作奸犯科的人，貔貅未必有催财之力，这便是灵兽的特性。

（3）请貔貅一定要注意左右是否对称。如果貔貅不对称两只后爪半蹲，前爪一个在前一个在后，尾巴搭在右后腿上，嘴巴里的牙齿一边大一边小，就很麻烦，因为不但不会带来好运还会带来麻烦，在请时一定要十分注意。倘若不小心请到这种不对称的貔貅，一定要用红绳系在貔貅身上，则可以化解麻烦。

（4）貔貅作为神兽百无禁忌，跟任何事物都不抵触，可以随意佩戴。但是，属虎的人不适合佩戴貔貅，白虎和貔貅两者相冲，虎年出生的人会对貔貅的灵气有很大程度的削弱。如果属虎的人需要佩戴貔貅的话，要格外注意对貔貅的保养，因为你的一举一动都很有可能与貔貅相克，更不能在家中或身上存在有关老虎的饰品。

（5）貔貅一定要开光，不然就是瞎眼，只能当作装饰品，没用。貔貅一旦第一次佩戴后不要长期闲置不佩戴，因为貔貅知晓人性，长期不戴会觉得主人不够善待自己，而对主人日益生疏，招财能力也显得懒散。

（6）不可以摸貔貅的头、嘴、眼睛，也就因为人的俗气会沾到貔貅上，影响貔貅。

（7）貔貅屁股上是绝对不能打洞的，这样的貔貅是万万不灵的，因为貔貅口大无肛，只吃不拉，屁股上打了洞就会漏财。

（8）貔貅是长翅膀的，喜欢打麻将的摸它的爪，想要仕途顺利的摸它的翅膀，想要发财的摸它的屁股。貔貅正确的摸法是：先按它的耳朵，因为貔貅只忠于自己的主人，按住耳朵代表降伏它；然后顺下来是前爪、身体、后爪、屁股；同时从屁股那里虚空抓一把，放到自己口袋里，称抓财。

（9）佩戴貔貅时忌吃辣椒，因为辣椒会使财气外泄。

（10）貔貅佩戴在手上时一定要戴在左手，灵气是左手进右手出的。

（11）貔貅作为吊坠时，要把挂绳系在貔貅尾部，头朝下佩戴。貔貅作为摆件时，不要头对着床，这样会对自己不利。无论摆放在什么位置，头千万不能冲着自己。

（12）貔貅忌强光。如果你要去日光强烈的地方度假旅行，那就要注意对貔貅的保护了。另外，镜子的反光也对貔貅不利，切忌把貔貅头对着镜子。也不能把貔貅对着电视和电脑，屏幕产生的光线也是貔貅所忌讳的，长期使用电脑工作的人，最好在工作时取下你所佩戴的貔貅。

（13）摆放貔貅时，不要头冲正门（从外面进来后的其他门无所谓，但不要冲厕所）。许多人把貔貅的头正对着大门摆放，认为这是招财，其实这误解了貔貅的习性，因为正门是门神或财神执掌的地方，貔貅无权过问。

3）貔貅开光

用茶油开光的貔貅,可保佑人们一生平安,发财致富。最正统的开光方法是:选择一个吉日,将请来的貔貅清洗干净;取半桶井水,再取半桶雨水,倒入一个事先准备好的容器中,这个容器要清洁干净;将清洁干净的貔貅放入容器中,浸泡三天;取出后,用干净的毛巾擦干净;取一些茶油,涂在貔貅的眼睛上,先点左眼,后点右眼,反复三次。貔貅通人性,开光后第一个看到的是你,就会始终保佑你。为貔貅点眼时,最好只有自己一个人在场,而且注意不要摸貔貅的嘴巴,如果经常摸貔貅的耳朵会更有效。貔貅一定要正对屋外,切不可对着屋内。

还有一种较为简单的方法,把新买的貔貅放在白天太阳光、夜间月光最容易照射到的位置,摆放16天貔貅便可自然开光,此种方法开光的貔貅吸取日月之精华拥有极强的抗煞和招财能力。

4）貔貅供奉和清洁的忌讳

(1)有些比较虔诚的人会对貔貅进行定期的供奉。供奉也是有讲究的。首先是香炉,香炉里应放3种米:姜米、珍珠米、黑米。

(2)貔貅供奉忌供香和供水,供奉神明才用香,而貔貅还没有到神明的地位。

(3)供品可以有酒肉,但不可以有梨和草莓。

(4)女子孕期和经期不得供奉,视为血煞和胎煞。

(5)清洁貔貅的时间宜为一年四次,在农历的二月初六、六月初二、七月十四和九月十二。

(6)貔貅一旦放好最好不要搬动,清洁时如需搬动貔貅,需用红绸布包起头部搬运。

第二节 翡翠的饰品文化

一、当代翡翠饰品种类

(一)翡翠挂件

现在,人们更愿意将玉佩叫做"玉牌"。随着服饰的发展,常被男性佩戴于腰间的玉佩被当作"玉牌"戴在胸前也是正常不过的事。

白玉是清代以前贵族的专宠,但是清代之后,翡翠开始占领市场,并且优质的翡翠在价格上的增值速度令人瞠目。当前,白玉在我国仍然有一定的市场,但数量不多,目前市场上的翡翠玉件是最多见的。由于翡翠原料的质地和价值会出现很大的跨度,所以市场上既有几十元一件的翡翠玉佩,也有几万元一件的高档翡翠玉佩,拍卖会上还会出现几十万甚至上百万的极品,不可一概而论。20世纪80年代初,北京王树森老先生设计制作的一件火柴盒大小的别针,在香港以180万元港币成交,颇具轰动效应。

现代翡翠玉佩或玉牌的设计制作更加趋向于胸前,体积小型化、随形化,内容贴近生活而且丰富多彩(图7-6,图7-7)。受现代工艺的影响,玉佩也开始利用贵金属如金、银、铂金镶嵌,甚至和其他宝石相配镶嵌,所以显得更加时尚和精致奢华。

图7-6　翡翠寿桃　　　　　　　　图7-7　翡翠镶钻佩

(二)现代翡翠腕饰——手镯

手镯是翡翠首饰中经久不衰的一种,佩戴一只翡翠玉镯在芊芊玉手之上,可以衬托出女性的妩媚与知性;同时,由于手腕是身体血液循环的末端,而回流的血液全凭心脏的压力来实现,如果佩戴翡翠手镯,可以有效促进血液的循环,调节人体机能,稳定人的情绪。

随着生活水平的不断提高,人们美化自己、美化生活的愿望更加强烈。以翡翠手镯作饰物,结合自己的体形、肤色、气质等特点,选择适合于自己佩戴的各色玉饰物,能起到"画龙点睛"之妙。这是天然美对人体美的映衬,是天然美与人体美的奇妙无比的和谐。

当代手镯的种类有福镯、平安镯、贵妃镯、南工美人镯、北方工镯、工镯、麻花/绞丝镯、鸳鸯镯这样几个大类。

在介绍前,我们简单介绍一下几个关于手镯的概念:"内圈"是指佩戴时贴手腕的那边;"外圈"是指佩戴时对外的那边;"条杆",是指手镯的横断面,也就是假设镯子敲断了,断口处的形状就是条杆形状;"北工"是指北方的做工,主要指北京一代的工艺;"南工",并非人们所想的广东、福建做工,而是指苏州和扬州制作的东西,多是苏州有名。

1. 福镯

福镯的做工较为复杂,也是最费工费料的,所以价格相比其他的比较高。这种造型的手镯之所以称为"福镯"(图7-8),是因为这种造型的手镯内圈圆、外圈圆、条杆圆,讲究"圆圆满满"的意思。福镯源远流长,流传至今,因讲究精圆厚条、庄重正气而成为经典。镯子的大小要适中,要在手腕之上能晃动,而不是卡在手腕上。这种形状的镯子适合各种有色的玉,除了无色的玻璃种,一点颜色都没有的就会像玻璃,厚条镯也会掩盖玻璃种的透明度。

图7-8 翡翠福镯　　　　　　　　　图7-9 翡翠平安镯

2. 平安镯

平安镯(图7-9)是现在市面上非常容易见到的一种手镯。这种手镯可以说是现代的发明,它比较省工省料,还有一个特点就是内圈比较贴腕,佩戴起来更为舒适。平安镯是内圈平,外圈圆,因为内圈磨平,条杆从弓形到半圆不等。但在选购的时候要注意的就是,平安镯内圈是否打磨好,没有粗糙感,不然手腕会磨破。最简单的方法是用手指或指甲去刮手镯的内圈一整圈,如果没有出现明显的粗糙感就可以。这种镯子的造型适合任何玉种玉色。

3. 贵妃镯

贵妃镯(图7-10)的来源据说和我国的四大美人中的杨贵妃有关。相传杨贵妃为了在一次宴会上显示自己的与众不同,命令工匠设计了一款扁圆形状的手环,于是便有了我们今天看到的这种款式的镯型。

利用翡翠来制作贵妃镯,应该也是近代的创举了。贵妃镯,是目前比较流行的一种款式。很多手腕较细或者年轻的消费者非常青睐此种手镯,因为每款贵妃手镯均采用了外圆内扁的处理手法,工艺上讲究浑然天成,镯型讲究手镯与手腕的刚好贴合,也就是说佩戴和脱下都要费好大的力气。而且,贵妃镯的镯型胜在别致,玉料也讲究艳丽,颜色要上乘。其实贵妃镯的出现就是因为颜色,据说是一开始镯型做成椭圆是因为要凑玉料上的颜色分布,不得不如此,没想到倒流行了。所以

图 7-10　翡翠贵妃镯

在选购这种款式的手镯时,一定要注意翡翠的颜色和佩戴者的肤色之间的映衬,否则就失去了贵妃镯这种款式本来的意义了。

贵妃镯型,因为不是正圆形,相对于圆镯在加工工艺上要复杂一些,因此手工费要贵一些。目前市场上有些商家向一些年轻的女性推荐贵妃镯,主要是因为贵妃镯的椭圆形状更接近人手腕的形状,因此更容易佩戴,而且不容易破碎,更重要的是由于带上去显得手更加纤细、美丽,因而受到广大女性的喜爱。

但是,实际消费者应该理性判断,将玉料做成贵妃镯,往往是因为原材料不够做标准圆形手镯,才考虑椭圆形的造型的,因此手镯的圈口(手镯内径)不会太大,所以贵妃镯在行业内,价格应该相对便宜些。

4.(南工)美人镯

(南工)美人镯(图 7-11),不是指广东、福建一带的做工,而是指苏州那边的做工,镯子等小东西,多是苏州有名。美人镯虽也是内圈圆,外圈圆,但是条杆直径极细,基本是现在的一半到 2/3 左右,因为南边这边的女孩子的手比较小,其他的镯子相对她们来说比较重,美人镯比较轻,一般都是单手戴一对,起手处叮当作响,甚为悦耳。另外,美人镯的内圈的直径偏大,松松垮垮地落在手腕上,更能突出吴娃越女的风韵。美人镯胜在娇俏灵动,一般都用糯种以下的玉种;成色不用太满,只要一抹绿或飘花即可,如实有幸能有一抹红色,则再好不过了。可惜的是现在这种形状的镯子已经不多见了。

5. 北工方镯(图 7-12)

北方的镯子一般做的比较大气,在做工上常用的是方形棱角。常做的款式有 3 种:第一种是内圈圆、外圈圆、条杆是矩形的;第二种是内圈圆,外圈八边形,条杆

图7-11 翡翠(南工)美人镯　　　　　图7-12 翡翠北工方镯

也是类似矩形的;第三种是竹镯,是将镯子刻成竹子形状,有竹枝、竹叶和竹节作装饰。其实南方也有做这种的竹子,但是往往做成圆的,而北方的常常在竹节处做出棱角,可以做成八节(就是八边形)、九节(九边形)和十节(十边形),节同女子守节,一般年纪比较大的女性喜欢佩戴。北工竹节镯常用白地青的玉料,讲究"清白有节"。

6. 麻花/绞丝镯

麻花镯(图7-13)和绞丝镯(图7-14)其实是同一种东西,只不过在北方称为"麻花",在南方称为"绞丝",属于工镯的一种。这种玉镯的造型一开始是仿银镯上面的麻花式样,经过苏工的精益求精将镯子的每一股都分开,并按顺序角度缠在一起,从而将玉工发挥到极致。软玉的硬度比翡翠的低,所以大部分都是用软玉,偶尔也可见翡翠的工件。麻花可以做成3股和4股,6股或再往上就基本不适合佩戴,只能当艺术品。

图7-13 翡翠麻花镯　　　　　图7-14 翡翠绞丝镯

7. 鸳鸯镯

鸳鸯镯(图7-15)是指从一个玉胎里开出来的两块料,或者颜色纹路极为相似;或者色段正好互补(比如一个是满春带绿,一个是满绿带春);或者颜色正好是两个极端(一翡一翠,或者一阴一阳,就是绿偏蓝和绿偏黄)等,于是巧借天工做成一对镯子。这种镯子因为本身就是绝品,所以可以上工也可以不上工,做成什么样式也不拘泥,但是要鉴定是不是同一个玉胎出来是很难的,所以遇到这样的玉料,最好是找有声望的匠人手上做,一求保险,二来借工匠的声誉以证明不是作假。

图7-15 翡翠鸳鸯镯

图7-16 翡翠雕花镯

8. 雕花玉镯(图7-16)

在玉镯上雕花,这种方法远在3 000多年前我们的老祖宗就已经应用了。中国的翡翠玉雕艺术是中华民族智慧的结晶,雕刻讲究"图必有意,意必吉祥",不仅用来寄托对美好生活的向往,同时传递对亲情、友情、爱情等最美好的祝愿。随着时间的改变,吉祥图案多取材于动物、植物或星月、流水、瑞云,后来受道教、佛教的影响,图案题材也日益丰富,设计日益精美。为了凑颜色,镯子或扁或圆也没有定规。

翡翠手镯上的雕花也是遵循了一定的规律,雕花的部位一般都是带色多的部分,绿色或者红、黄翡色,也有玉手镯全周身都有雕花的。一般因为内圈要贴手腕,所以内圈不上工,省得硌手。当然,内容与形式是互相作用的,在注重雕刻内容的同时也不能忽视雕刻效果带给人们的感染力。雕花玉镯常用图案素材及寓意和翡翠挂件上的是一致的,如:牡丹代表富贵、桃子代表长寿、鸳鸯表示爱情、蝙蝠喻意幸福、鱼表示富足、兰花喻意节操、荷花表示纯洁清高、桂花代表富贵。不同题材的翡翠玉手镯具有不同的寓意和故事,送给老人雕有寿桃的玉手镯,表示祝老人健康长寿;送给爱人雕有鸳鸯的玉手镯,表示祝爱情甜蜜永不分离;送给朋友雕有荷花的玉手镯,表示祝友情纯洁美好。

乱世藏金,盛世藏玉。翡翠给人带来了平安吉祥。每一件雕花翡翠镯都独一无二,无与伦比,具有可遇不可求的特点,因为翡翠与其他珠宝不同,变幻无穷。翡翠是不可再生的资源,雕花翡翠手镯具有很强的保值潜力,特别是高档品,原料随着不断开采而日益稀少,需求却无限量地增长,价值也越来越高。

二、翡翠摆件陈设的种类

古人爱玉,在商代已经出现制作精美的玉器皿。但是由于玉器皿用材较大,且需要较好的掏膛技术,所以在宋代以前玉制器皿的发展缓慢,品种较少,数量也很少。到了明代,才出现了大量制作的玉制器皿。玩赏玉件包括生活常见用具,如杯、碗、壶、瓶等,也包括供陈设欣赏的仿古玉爵、炉、觚等。由于翡翠的细腻温和及古人赋予它的种种文化内涵,人们更加爱玉、珍玉。除了佩戴装饰品之外,贵族富豪及文人名流们为了显示自己的高雅,常常会在自己的案头摆放几件翡翠制品,从而把玩怡情,这促使了大量赏玩翡翠玉件的出现。

翡翠器皿可以说是清代的专利产品,清代出产的翡翠产品数目之大,质量之高是前无古人的。故宫博物院收藏翡翠作品800多件,是全国乃至全世界收藏古代翡翠最多的博物馆,藏品主要为清宫遗存,其中帝后玺册20余件,首饰、服饰类作品400多件,其他器物300多件,这些藏品的时代多为清代中晚期。

时代不同,对翠料的选择和作品的种类亦不同。乾隆时期选择玉材的标准大致为材料微透明,有温润感,较多的为蛋清地翠材,作品主要有陈设器、餐具、服饰用品。晚清的翡翠制品喜爱使用玻璃地、高翠材料,作品多为首饰。随着人们对艺术品收藏的日益瞩目,翡翠逐渐占据玉石之王的位置。

(一)生活用具

1. 翡翠玉杯、翡翠玉瓶

清代宫廷翡翠陈设品的设计与玉陈设品的设计目的、设计过程大致相同,受宫廷绘画的影响很大,甚至有很多宫廷画家直接参与,因此作品有较高的艺术水平,这一点在玉质图画作品、人物与动物作品以及常用的装饰图案上表现得尤其明显。例如在翠山子、翠插屏上,作品构图有主题,布局的层次、人物及景物的表现皆具绘画风格。动物作品的制作造型准确,由此可以看出作者的写生功底。清宫翡翠器中还有一些仿古作品,器皿多仿青铜器,如翠觚、翠炉一类,纹饰有兽面纹、蕉叶纹、夔龙纹等。这种仿古器多创于清中期。

玉杯是一种饮酒的器皿。玉质杯大概始于西汉时期。明清时期的玉杯样式繁多,形态各异,杯分单耳、双耳,杯把多琢仿生之物,仿动物纹有龙、螭等;仿植物纹有梅、竹、桃、荷花等;还有仿周、商青铜器皿,仿农家量具的,应有尽有,不一而足,形成时代风气。仿动物的玉杯,不论是单耳还是双耳,螭前爪与口均攀缘于杯口,躯干弯作杯把,构思巧妙(图7-17)。

觚是古代的一种饮酒器。明代流行用觚作陈设品,将觚置于案头,内插杂物。清代宫廷或称为花觚。此觚为乾隆时期的仿古作品,其造型、纹饰与古器有所差异。所

第七章　翡翠文化

图 7-17　翡翠乾隆款龙纹杯盘，清，杯高 5cm，口径 7cm，盘径 18.5cm；翠呈青绿色，局部绿色较深，呈丝絮状，杯和盘上又有暗红色，其中可能带有人工染色。杯为圆形，平口沿，口微敞，两侧各有一龙形杯耳。杯身两面各饰一阴线刻龙纹，杯下有圆形座，上琢俯仰菊瓣纹。杯配托盘，八瓣形，盘底中部阴刻"乾隆年制"篆书双行款

用翠料青中含绿，近似古铜器的锈色（图 7-18）。

2. 翡翠玉壶、翡翠玉碗和翡翠鼻烟壶

据史书记载，宋朝时玉制器皿多杯、盘、碗、壶等生活用品，但是出土的并不多。明代的玉制器皿材质上使用翡翠的还比较少，但是一改仿古风气，在装饰图案上开拓创新，有一些吉祥图案，也有许多受到道教影响的纹样，如八仙过海、福寿双全等。

发展到清代，宫廷贵族所用的器皿种类繁多，数量巨大。宫廷制玉以北京和苏州为佳。尤其是乾隆时期，宫廷中有很多精致的作品，但往往炫耀雕琢技巧和追求纹饰的精致，而忽略器物的形制和功能。

图 7-18　翠乾隆款仿古觚，清，高 19.7cm，口径 10.4cm×6.8cm

清代宫廷多以玉制碗（图 7-19），特别是乾隆时期，玉碗制造数量巨大，其中有一些大碗胎薄，口圆，造型周正，有的作品外壁还刻有御制诗句。有的碗上用描金、镶金方法缀以图案，碗有菊花瓣形、竹节形、椭圆形、圆形等（图 7-20）。玉碗的用途不一，有的纯属玩物，有的为陈设摆件。图 7-19 翠碗的造型、工艺与乾隆时期的特点相同，可能是当时的作品。

清代，内地与中亚地区文化交流密切，工艺品制造中出现了模仿中亚风格的作品。当时流行的西番莲图案即是传统的缠枝莲图案与中亚图案相结合的产物。图 7-20 作品中的缠枝莲纹莲瓣卷曲，莲叶多枝，是清代西番莲图案中的一种。

图 7-19　翠碗,清,高 7.3cm,口径 17.3cm;翠色青绿,有大片重绿色;碗敞口,口沿处有唇,圈足;光素无纹。此碗所用翠料颜色不均,局部或青绿,或深绿,但此等作品亦数难得。原藏清宫遂初堂

图 7-20　翠缠枝莲纹盖碗,清,通高 8.3cm,口径 12.4cm;翠质浅绿色;碗为薄胎,口外敞,盖略小;地包天式,环式钮;盖面及碗外壁浅浮雕缠枝莲纹

清代的鼻烟壶(图 7-21)不仅用于储存鼻烟,亦是玩赏和显示身份之物。烟壶用玉一般选择较为高档的翠料。

图 7-21　翠烟壶,清,高 6.45cm,宽 5.3cm,共 5 件,原藏热河行宫。翠质地尚佳;器扁,近似椭圆形,颈细肩宽,中有一孔;器表琢磨光润,秀巧可人,可能是苏州制品。乾嘉时期瓷烟壶中已有此种器形,疑为乾嘉时期苏扬官员进贡后被送存于热河避暑山庄

3. 玉熏炉

图7-22 翠夔耳兽面纹炉,清,通高10.3cm,口径9.2cm;翠色青白,局部绿色;炉为圆形,壁较直,腹部饰凸起的兽面纹;炉身两侧有对称的夔式耳,夔形较扁,兽头,细身;炉盖较高,花蕾式钮,盖面饰兽面纹;炉下三矮足

图7-23 含香聚瑞,规格:高71cm,宽64cm,《四件国宝》之一。采用套料工艺,从原料主体中旋取球形盖,使小料做大,薰体琢饰传统吉祥图案,浑厚,稳定而大器。1989年完工。

作者:蔚长海,男,1941年3月3日出生,河北省人,中国工艺美术大师,北京市特级工艺美术大师。作者1956年进北京第三玉器生产合作社学徒,师从著名老艺人李焕亭和许茂林。1962年他参加了"继承流派技艺重点人员培训班",学习名家技艺,进修美术理论,此后,开始独立创作。

玉熏炉(图7-22,图7-23)大约出现在唐宋,至明清时达到高峰,在宫廷、官员家中广泛使用,工艺精湛,无与伦比。熏炉一般由器盖、器身两部分组成。器身圆腹,圆口,带圈足或柱状足,有双耳,器表则全部镂空;器顶一般是枝状镂空体,或雕成动物状,也有其他形状的,如圆盒状、仙鹤状、龟状等。使用方法是在其中放置香料,香味从顶部的镂空处释放出来。

(二)摆件陈设

玉摆件在明清开始盛行。这一类玉器主要是玉山子、玉屏风、玉兽、玉人等器物。

1. 翡翠玉山子

玉山子(图7-24,图7-25)即圆雕山林景观,制作时先绘平面图,再进行雕琢,因而常以图命名。玉山子上分别雕刻出山林、人物、动物、飞鸟、流水等,层次分明,形态各异。这种山林景观的雕刻,从取景、布景到层次排列都表现和渗透着绘画的技法和章法。

图7-24 翠鹤鹿同春山子,清,高29.5cm,长57.8cm,宽19.5cm;翠料局部呈青绿色,个别处翠色较深,用山料翠玉雕成,表面有染色。作品为山形,山上白云飘忽,泉水蜿蜒而下,小桥横跨溪流。一岸有古松两棵,松下双鹤,附近的竹丛以阴线刻划;另一岸为双鹿,一立一卧。此为传统的鹤鹿同春图案。山子背面雕简单的山石、树木图案,并有较重的染色

清代山子盛行于乾隆时期,多是以山水人物及历史故事题材的大型场面,如"秋山行旅"、"南山积翠"、"会昌九老"等。小型山子也较为常见,亦是以山水人物、亭台楼榭为题材,雕刻出一幅幅淡雅宁静的山水风景。有的运用巧色手法,利用翡翠本身的颜色差别,分别雕出白云、流水、古道、苍松等景物,达到高低错落、深浅对比的特殊效果,韵味悠长。小型山子一般采用好料,细腻精巧,有沉静、典雅的书卷之气,可作案头摆设;大型山子是在一定的经济、历史、社会发展条件下出现的,其制作要耗费极大的人力、物力和财力。大型山子最能体现玉器的制作水平。

图 7-25 岱岳奇观,高 88cm,宽 83cm,厚 50.5cm,《四件国宝》之一。采用山子的形式表现了泰山"中天门,十八盘,天街和玉皇顶"等主要景观。右上端橘红色表现日出东海,展现出了泰山的宏伟壮观。作品充分利用翡翠料大、色泽白绿相映的特点,随形就势,显示了泰山的雄伟气势,意境深邃。作品完成于 1989 年

作者:张志平,王树森,陈长海

张志平,男,1942 年 5 月 2 日出生,江苏省人,中国工艺美术大师,北京市特级工艺美术大师。作者 1961 年北京工艺美术学校毕业后,进入北京工艺美术研究所,师从潘秉衡先生学习玉雕,1969 年进北京玉器厂从事创作设计工作。张志平重视"相玉",根据原料反复揣摩,确定主题,因材施艺,并在制作中不断完善。他的作品主题突出,场面宏大,章法严谨,构造巧妙,造型生动,俏色运用得当,充分体现出玉的自然美和人文美。

2. 翡翠玉如意(图 7-26,图 7-27)

"如意"是供把玩的迹象物件。玉如意起源于魏晋,盛行于明清。如意的形状像长柄钩,钩头如贝叶,明清两代取名为如意,表示吉祥、幸福的来临。"如意"一词出于印度梵语"阿娜律",最早的意思是,柄端如手指之形,以示手的无所不能。

古代作为工艺品的如意,以清代居多,明代也有,但十分少见。康熙年间,如意已成为皇宫供皇上、后妃的玩物,宝座旁、寝宫中均摆有如意,以示吉祥顺心。清代首创有首、中、尾的三镶、五镶形式的如意。其中一种少见的如意,是在玉如意的头上,先按照图样凿出槽子,然后用五颜六色的宝石镶嵌进去。这种做法十分费工,故十分难得。

图 7-26　翠螭纹如意,清,长 47cm,最宽 10cm;翠质青绿,局部色较深;柄微弯成弓状,垂云式如意头,柄中部和头部均浮雕双螭

螭纹是中国古代工艺品中常见的装饰,清代宫廷用品上往往以螭纹表示龙,此物之螭纹也呈"龙"的形象。所用翠料透明度高,绿色呈斑状,分布均匀,质地优良。

图 7-27　铜镀金累丝镶翠三镶如意,清,长 62cm;嵌翠瓦子三片,用减地平凸技法分别镌刻龙纹、松竹、象纹图案;碾工较粗犷,应为京都玉工所碾。据如意所系黄条可知,此为光绪二十三年(1897年)四月十三日恭亲王奕訢献给光绪皇帝的贡品。

3. 翡翠玉花插(图 7-28,图 7-29)

目前能看到的花插,都是明清和民国时代的作品,取材和田玉、黄玉、青玉及少许碧玉。翡翠的玉花插非常少见,主要出现在清代的皇室用品中。

清代的花插多做成生活中常见的动物、植物形式,常见的造型有双鱼、白菜、灵芝、兰花、佛手等。用翡翠制成的花插,色调清新高雅,具有良好的装饰效果,琢工有两种:一种是追求工笔画功力,写实细致,一丝不苟;一种是追求玉本身的质感,体现"凹凸感",简洁明快,造型丰富,刻画生动有力,抛光细腻,立意完美。

图7-28 翠花鸟花插,清,高25cm,口径5.9cm×8cm;翠呈青绿色,局部有深绿及黄褐色;花插较高,呈树桩形,主杆粗大,内可插物;花插的外壁镂雕牡丹花枝,枝上立着禽鸟,下配以镂空雕花红木座。

花插属陈设用品,内可插物。明代玉器中已有花插,多呈筒状。清代的玉花插样式较多,其中树桩形花插较为典型。这件花插所用翠料有较高的透明度,局部绿色深重,属高档材料,是清代宫廷的重要陈设器。

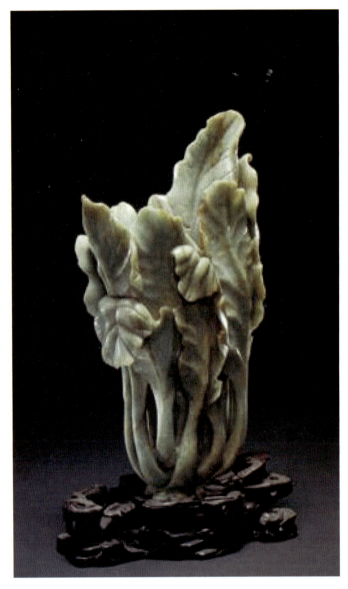

图 7-29 翠玉白菜式花插,清,高 24.3cm,口径 12.8cm;翠色青绿,透光性较弱;为白菜形,采用雕琢手法,上部菜叶相并,或高或低,亦有折而下垂者,环并一周,内空,可插物;下部叶梗直立,间有空隙。

此类翠玉白菜,清代宫廷制有多件,可见其深受皇家喜爱。这件翠白菜之色近于自然,是这类作品中的珍品。

4. 翡翠玉屏风

玉屏风始于东汉,盛行于清代,其制作往往选用单一玉色的玉石制成玉石板材,在上面绘出图案,然后再以浮雕的手法琢刻,有时也会把数片板材拼接在一起,形成一幅完整的图案。屏风上表现的多是山水人物。翡翠玉屏风最为有名的作品出现在建国后,是由玉雕大师郭石林制成的"四海欢腾"(图7-30)。

图7-30 翡翠插屏《四海腾欢》,高74cm,宽146.4cm,厚1.8cm;插屏整个画面以我国传统题材"龙"为主题,9条翠绿色巨龙,在白茫茫的云海里恣意翻滚、气势磅礴,是当今世界最高大的一个翡翠插屏。

作者介绍:郭石林,男,1944年10月19日出生,北京市人,中国工艺美术大师,北京市特级工艺美术大师。郭石林1962年北京工艺美术学校毕业后,进入北京市玉器厂从事玉雕创作设计工作,先后师从老艺人方寿金和玉雕大师王树森,曾在中央美术学院进修。他擅长人物创作,人物形象逼真,传神,线条刻画生动,流畅,画面表现细致,完整,显示出娴熟的艺术技巧。

(三)文房用具

文房用具是中国传统书写方式的产物,用玉制成的文具尤其富显古雅、招人喜爱的意趣,主要有印章和文具两类。

印章是一种表示仪礼和凭信的工具。先秦印章统称为玺,自秦始皇始,皇帝所用玉印专称为"玺"。历代都用玉印章,造型分方形、长方形、圆形等,样式繁多。

文房用具是文人们的专用器皿,是置于案头,具有极高审美价值的艺术品,玉制文房用具更显高贵、典雅而超凡脱俗。最早的玉制文房用具出现在宋、辽时期,有玉笔山,玉砚台、玉镇纸和玉笔洗等,造型较为简单,制作并非十分精细,有些作品出现了局部透雕和高浮雕。到了明清,文人士大夫对文房情趣的追求,促进了玉制文具的盛行。常见种类有笔架、笔洗、印盒、砚台、镇纸、笔搁、水注等。明清玉文具在设计装饰上多有独到之处,造型往住采用动植物花纹样式,充满着清新活泼的自然情趣,如鹿形、辟邪形、马形、兽形、鸭形、鹅形、凤形、莲形、桃形、瓜形、葫芦形、海棠形、灵芝形、松干形、竹节形、叶形等。图案亦然,有时也采用二者结合的形式,如云龙纹、龙凤纹等。在雕琢上或粗犷简朴,或细巧精致,风格多样。

笔架是平时放笔的用具,又叫笔屏,其上有插孔,将笔向上倒插于插孔内。玉质笔架大致分两类:一类仿自然奇石,讲究玲珑剔透;另一类雕以吉祥纹样,以精致奇巧见长。

笔洗则是洗笔工具,多呈碗状,其中盛水作涮笔之用(图7-31)。玉质笔洗多极具巧思,或仿上古青铜器造型,或取象于自然界之花,或于洗内雕以果、鸟、兽等各种纹饰,美不胜收。玉印盒取材少有上等玉料,器形以方形为主,亦有圆形、委角形等,有些玉盒内留有钻孔痕迹。常见纹饰为蟠螭、云鹤、梅花、山水人物、寿字花鸟等,以浅浮雕或阴刻法雕琢。清代的玉印盒玉料精良,多见上等白玉,器形以圆

图7-31 翠桃式洗,清,高3.8cm,口径24.8cm;翠呈浅绿色,局部色较重。作品似盘,较浅,桃实形。洗底浮雕桃枝两杈,一杈伸于洗底为足,其上有双桃并桃花;另一杈延伸至洗口一侧为柄。

形为多,制作规范、严谨,盒内外琢制圆润光滑,喜用浅浮雕,纹饰繁琐、精细,与明代玉印盒风格相异。砚台是文房四宝之一,以玉制砚似用来显示气派。镇纸,又称压尺,在书写过程中用来压纸,使之不翻卷。

笔搁,或称笔格,是架笔用具。用法是将笔毫一端架置其上,笔末端放于书桌上,呈头高尾低之态。其型制有简单的山字形,有圆雕的山峰状,有融各种雕琢手法于一身而制成的桥状,桥上有人物,桥下有船,形态多姿,千变万化。笔筒是放置用毕毛笔的用具,在文房之中使用最为广泛。它最基本的形状是圆筒状,一般均加浮雕,形状则千奇百怪,无所不包。

水注,也称水丞、水滴、水盂,是蓄水研磨用的器具,型制多样。水注多为小巧精致造型。明代的玉水注,除花、叶、瓜果为常见的题材外,还搭配有鸟、兽和昆虫,常见有荷叶形、花形、葵花形、桃形、海棠花叶形、葫芦形等各种造型。清代水注图案,除配有自然事物外,还住往添加许多人文寓意,如花、鸟搭配,有富贵,吉祥之意;蟠桃、蝙蝠则象征福寿双全。

参考文献

奥岩,陈进.缅甸各种颜色翡翠的化学成分特征[J].珠宝科技,1997,V9(4):37~40

奥岩.翡翠鉴赏[M].北京:地质出版社,2004

奥岩.缅甸翡翠原生矿床成因研究[A].全国宝石学年会论文汇编[C].1997:12~29

白峰.玉器概论[M].北京:地质出版社,2000

曹建松.绿色翡翠致色因素探讨[J].中国宝玉石,1995,18(4):34

曹姝旻,亓利剑等.GE宝石级合成翡翠[J].宝石和宝石学杂志,2006,8(1):1~4

陈炳辉,丘志力,王敏等.B货翡翠的红外光谱特征及鉴定意义[J].矿物学报,2001,21(3):525~527

陈炳辉,丘志力,张晓燕.紫色翡翠的矿物学特征初步研究[J].宝石和宝石学杂志,1999,1(3):35~42

陈克樵,马春学,栾日坚.翡翠的物质组成和结构构造特征关系[J].云南地质,1998,17(324):350

陈志强,袁奎荣.皮色分析——赌石预测的关键[J].矿床地质,1996,15:146~148

陈志强,袁奎荣.翡翠结构论[J].桂林工学院学报,1995,15(4):343~350

陈志强,袁奎荣.翡翠中的长石及其宝石学意义[J].矿物学报,1997,V17(3):352~356

崔文元,施光海,林颖.钠铬辉石玉及相关闪石玉(岩)的研究[J].宝石和宝石学杂志,1999,VI(4):16~22

崔文元,施光海,杨福绪等.缅甸翡翠(辉石玉)的矿物学及其分类的研究[J].云南地质1998(3-4):356~380

崔文元,施光海,杨福绪等.一种新观点——翡翠新的岩浆成因说[J].宝石和宝石学杂志,2000,2(3):16~21

戴铸明.翡翠鉴赏与选购[M].昆明:云南科技出版社,2005

邓燕华,元奎荣,袁雁.翡翠矿床的成矿作用及我国翡翠找矿前景[J].云南地质,1998,17(3-4):407~409

邓燕华.宝玉石矿床学[M].北京:北京工业大学出版社,1992

狄敬如,吕福德,周守云等.哈萨克斯坦翡翠成分特征及成因初步研究[J].珠宝科技,2000,2:38~39

董华,唐庆民,莫育俊.翡翠的拉曼光谱研究[J].珠宝科技,2004,16(3):24~27

杜茂盛,马罗刚.衡量翡翠优劣的五大要素[J].云南地质,1998,vl7(3,4):310~314

方泽.中国玉器[M].天津:百花文艺出版社,2003

冯乃恩.古玉鉴藏[M].吉林:吉林科学技术出版社,2004

冯雪松.《玩玉鉴真伪—试工》[M].福建:福建美术出版社,2001

参考文献

冯友兰.中国哲学简史[M].北京:北京大学出版社,1996

郭颖,范静媛.均匀色空间中绿色翡翠的色差[J].岩石矿物学杂志,2004,V23(1):65~67

郭颖,熊宁,宋功保等.翡翠成因与人工合成的研究[J].西南工学院学报,2000,15(2):46~49

郭颖.翡翠的岩石学、矿物学特征及光学性质的研究[D].北京:中国地质大学,2001

国家珠宝玉石质量监督检验中心,中华人民共和国国家标准 GB/T16552-2003 珠宝玉石名称.北京:中国标准出版社,2003

国家珠宝玉石质量监督检验中心,中华人民共和国国家标准 GB/T16553-2003 珠宝玉石鉴定.北京:中国标准出版社,2003

韩萍,吴国忠,余晓燕.翡翠的结构与颜色[J].中国宝玉石,2000,35(1):28~31

何明跃,陈晶晶,鞠野.翡翠的结构对其质地(透明度)的影响.矿物岩石地球化学通报[J].2007,26(增刊):180~181

何明跃,王春丽.翡翠鉴赏与评价[M].北京:中国科技出版社,2008

胡楚雁,陈钟惠.缅甸翡翠阶地矿床表生还原性水岩反应特征及成因探讨[J].宝石宝石学杂志,2002,4(1)1~5

胡楚雁,陈钟惠.缅甸翡翠阶地矿床表生还原性水岩反应研究的宝石学意义[J].宝石宝石学杂志,2002,4(2)1~7

胡楚雁.缅甸翡翠阶地矿床表生还原性水/岩反应及其宝石学研究意义[D].武汉:中国地质大学,2002

胡楚雁.缅甸翡翠阶地矿床地质演变特征分析[J].超硬材料与宝石,2004,16(2):59~62

黄凤鸣,古清慧,邹严寒.翡翠的成分和结构特征及其与种和地的关系[J].宝石和宝石学杂志,2000,2(1):7~12

李斌,沈海,高云等.翡翠的结构及成分分析[J].岩矿测试,2000,19(1):51~54

李贞昆.翡翠的透明度[J].云南地质,1998,V17(3,4):261~262

廖宗廷,周祖翼,丁倩.中国宝石学[M].上海:同济大学出版社,1998

刘卫东.缅甸优质翡翠的成因与赌石预测方法研究[D].湖南:中南工业大学,1999

陆建有.翡翠A货和B货的鉴别特征[J].矿物岩石地球化学通报,1997,16增刊:115~116

陆建有.翡翠表皮特征与内部质量关系的认识[J].云南地质,1998,V14,(1):36~38

马婷婷,廖宗廷.B+C货翡翠的制作流程及市场定位[J].珠宝科技,2001,(2):45~47

摩傣,张金富,史清琴等.翡翠成品的商业等级评价[J].云南地质,1998,V17(4):221~224

摩傣.翡翠矿床(毛料)产出特征研究[J].珠宝科技,1997,1:8~9

牛秉钺.翡翠史话[M].北京:紫禁城出版社.1994

欧阳秋眉,李汉声,郭熙.墨翠——绿辉石的矿物学研究[J].宝石和宝石学杂志,2002,15(3):1~7

欧阳秋眉,李汉声.钠铬辉石质翡翠的主要特征[J].宝石和宝石学杂志,2004,6(1):22~23

欧阳秋眉,曲懿华.俄罗斯西萨彦岭翡翠矿床特征[J].宝石和宝石学杂志,1999,1(2):5~11

欧阳秋眉,严军. 秋眉翡翠[M]. 上海:上海世纪出版集团,2005

欧阳秋眉,严军.全方位看翡翠市场的发展[J].宝石和宝石学杂志,2003,(2):38~39

欧阳秋眉.翡翠结构类型及其成因意义[J].宝石和宝石学杂志,2000,2(2):1~5

欧阳秋眉.翡翠全集(上、下)[M].香港:香港天地图书公司,2000

欧阳秋眉.紫色翡翠的特征及成色机理探讨[J].宝石和宝石学杂志,2001,3(1):1~7

潘建强等.翡翠——玉石之冠[M].北京:地质出版社,2005

彭卓伦.缅甸硬玉的矿物学研究[D].广州:中山大学,2002

丘志力,刘扬睿,朱敏等.国内市场翡翠饰品的质量分级及估价[J].宝石和宝石学杂志,2001,V3(2):15~22

邱东联.中国历代玉器赏玩[M].长沙:湖南美术出版社

申柯娅.红外光谱技术在翡翠鉴定中的应用[J].光谱实验室,2000,17(3):347~349

施光海,崔文元,刘晶,等.缅甸含硬玉的蛇纹石化橄榄岩及其围岩的岩石学研究[J].岩石学报,2001,483~490

施光海,崔文元,王长秋,张文淮.缅甸帕敢地区硬玉岩中流体包裹体[J].科学通报,2007,45(13):1 433~1 437

施光海,崔文元.缅甸翡翠中Cr的淡化及意义[J].宝石和宝石学杂志,2005,(4):7-1 255

施光海,崔文元.缅甸硬玉岩的结构与显微结构造:硬玉质翡翠的成因意义[J].宝石和宝石学杂志,2004,6(3):8~11

施光海,徐永婧,何明跃.缅甸翡翠观赏石研究[J].中国宝玉石,2007,2,17(2):91~93

施加辛.翡翠A、B、C货鉴定有关问题上的讨论[J].上海地质,2002,2:61~63

宋绵新,潘兆橹.翡翠的漫反射红外光谱特征及其对翡翠鉴定[J].中国矿业,2004,13(12):78~80

苏文宁.翡翠中的充填物及其在鉴定中的应用[J].云南地质,1998,17(3-4):251~260

苏文宁.有色翡翠玉件色源类型的鉴别[J].珠宝科技,1998(4):36~39

汤顺清.色度学[M].北京:北京理工大学出版社,1990

田树谷,郭兰鹏.中华玉佩图谱集[M].武汉:中国地质大学出版社,2006

童银洪,袁奎荣.翡翠质地的综合评价.桂林工学院学报,1997,17(1):55~62

童银洪.翡翠中钠铬辉石和角闪石组矿物特征[J].中国非金属矿工业导刊,1998,6:29~31

王海云.关于翡翠次生色的研究[D].武汉:中国地质大学,2002

王慧峰,蒋广福.宝石加工学[M].北京:地质出版社,1992

王濮,潘兆橹,翁玲宝等,系统矿物学(中)[M].北京:地质出版社,1994

王时麒.翡翠市场的"四大杀手"剖析.新世纪宝石学[A].见:新世纪全国宝石学论文集[C].2000

王以群,郭守国,刘学良.翡翠的有机充填——B处理翡翠[J].中国宝石,2005,14(1):120~121

王兆周,徐万臣,张俊英.翡翠原石可赌性的探讨[J].辽宁地质,2000,(2)

魏然,张蓓莉,沈才卿.合成硬玉玉石的矿物学研究[J].宝石和宝石学杂志,2004,V6(2):7~9

谢星,王崇礼,梁婷.翡翠结构特征及其对翡翠质量的影响[J].地球科学与环境学,2005,27(3)15~18

谢星.缅甸翡翠的岩相学、矿物学特征及评价[D].西安:长安大学,1998

谢意红.不同颜色翡翠的微量元素及红外光谱特征[J].岩矿物测试,2003,V22(3):183~187

徐军著.翡翠赌石技巧与鉴赏[M].云南科技出版社,1993

杨伯达.中国玉文化玉学丛论[M].北京:紫禁城出版社,2002
杨尽,王志辉.缅甸翡翠矿石的结构及其成因探讨[J].成都理工学院学报,2001,28(4):363~365
杨尽.缅甸翡翠矿石化学成分及其意义[J].矿物岩石,2001,V21(4):28~30
杨永福.翡翠的光吸收[J].珠宝科技,2004,16(3):40~42
姚锁柱,钱天宏.缅甸翡翠矿产简介[J].珠宝科技.1998,2:12~15
易晓,施光海,何明跃.缅甸硬玉岩区的硬玉化绿辉石岩[J].岩石学报,2006,10(1):44~49
殷小玲.紫色翡翠呈色机制探讨[J].珠宝科技,2004,v16(3):40~42
殷志强.中国古代玉器[M].上海:上海文化出版社
尹小玲.紫色翡翠成色机制探讨[J].珠宝科技,2004,16(3):40~42
尤人德.中国古代玉器通论[M].北京:紫禁城出版社,2002
余波,陈炳辉,丘志力等.现代测试技术在优化处理翡翠鉴定中的应用[M].珠宝科技,2004,16(3):37~39
余平.翡翠颜色的研究及其评价[J].矿床与地质,1996,10(1):44~49
袁奎荣,陈志强,袁雁.翡翠赌石的地质预测[J].云南地质,1998,17(3,4):300~309
袁奎荣,陈志强.翡翠的矿物成分与赌石预测[J].矿床地质,1996,15:144~146
袁奎荣,陈志强.皮色分析——赌石预测的关键[J].矿床地质,1996,2(sup.):146~148
袁心强.翡翠宝石学[M].武汉:中国地质大学出版社,2004
月生.中国祥瑞征图说[M].北京:人民美术出版社,2004
越明开,古华.翡翠透明度测量和分级[J].宝石和宝石学杂志,2000,V2(3):4~7
张蓓莉,陈华,孙凤民.珠宝首饰评估[M].北京:地质出版社,2000
张蓓莉.系统宝石学[M].北京:地质出版社,2006
张恩,尹小玲,彭明生.初论翡翠仔料皮壳的特征[J].矿物岩石地球化学通报,1999,18(4):400~402
张光曾.古玩宝石首饰的鉴赏与鉴别[M].北京:中国物资出版社,1994
张良钜.缅甸纳莫原生翡翠矿体特征与成因研究[J].岩石矿物学杂志,2004,23(1):49~53
张梅,侯鹏飞,汪建明.黑色翡翠的宝石学及矿物学特征[J].江苏地质,2004,28(2):100~102
张位及.翡翠的皮壳特征及其工艺利用[J].珠宝科技,2003,(5)
张尉.古玉鉴藏[M].北京:中国轻工业出版社,1996
张晓晖.阴极发光显微镜下对翡翠的研究[D].武汉:中国地质大学,2001
张竹邦.翡翠探秘[M].昆明:云南科学出版社,1993
赵妙琴,查根松.翡翠与翡翠(处理)的综合鉴定[J].珠宝科技,1998,3:51~53
赵妙琴.翡翠的鉴定[J].云南地质,2000,19(1):53~57
赵明开.缅甸翡翠矿物与自然类型[J].云南地质,1998,17(3-4):320~337
赵明开.硬玉及相关辉石化学成分与翡翠玉种研究[J].云南地质,2002,21(2):159~174
赵丕成.切磋琢磨——玉器[M].上海:上海科技教育出版社,2007
赵永魁,张加勉.中国玉石雕刻工艺技术[M].北京:北京工艺美术出版社,2002

郑楚生,王英,张慧芬.含蜡翡翠A货与B货的拉曼光谱鉴别[J].矿床地质,1996,15(sup):15～21

郑楚生,王英,张慧芬.拉曼光谱在宝玉石鉴定中的应用[J].光散射学报,2000,12(1):15～21

郑永镇.翡翠宝鉴[M].台北:三艺文化有限公司,1997

郑永镇.翡翠鉴定图鉴[M].台北:宝虹珠宝公司,1996

周树礼,曾伟来,何涛.玉雕造型设计与加工[M].北京:中国地质大学出版社,2009

周颖.翡翠的阴极发光结构及其宝石学意义[J].宝石和宝石学杂志,2002,V4(3):31～35

周征宇,等.缅甸翡翠原生矿床成因机制新探[J].上海地质.2005,(1):58～61.

朱家溍,赵玉良,张兰芳,等.故宫藏清代后妃首饰[M].北京:紫禁城出版社,1998

朱乃诚,苏秉琦.重建中国古史框架的努力和中国文明起源研究[J].中原文物,2005(5):30～37

朱薇珊,黄作良,寇大明.翡翠的矿物组成对其质量的影响[J].辽宁地质.2000,17(2).

祖恩东,陈大鹏,张鹏翔.翡翠B货的拉曼光谱鉴别[J].光谱学与光谱分析,2003,23(1):64～66

Chhibber H L. The mineral resources of Burma[M]. London:Macmillan,1934

D. Hargett. Jadeite of Guatemala:a Contemporary View[J]. Gem & Gemology,1990(1)

De Roever W P. Genesis of jadeite by low grade metamorphism[J]. Am J. Sci.,1955(253):283～298

George E. Harlow. High-pressure, metasomatic rocks along the motagua fault[J]. Guatemala,2003,28(2):115～120

Harlow G E,Sorensen S S. Jade. nephrite and jadeitite and serpentinite:metasomatic connections[J]. Interntional Geology Review,2005,47(2):113～146

Harlow. Jadeitites, albites and related rocks from the Motagua Fault zone, Guatemala[J]. The Journal of Metamorphic Geology,1994(12):49～68

Htein W,Aye Naing. Studies on kosmochor,jadeite and associated minerals in jade of Myanmar[J]. The Journal of Gemmology,1995(5):315～320

Iwao S. Albitite and associated jadeite rock from Kotaki District, Japan:a study in ceramic raw material[R]. Report of Geological Survey of Japan,1953

Johnson and Harlow. Guatemala jadeitites and albitites were formed by deuterium-rich serpentinizing fluids deep within a subduction-channel[J]. Geology,1999(27):629～632

Johnson C A,Harlow G E. Guatemala jadeitites and albtites were formed by deuterium-rich serpentinizing fluids deep with in a subduction channel[J]. Geology,1999,2(7):629～632

MicBirney, Eclogite and jadeite from the Motagua Fault zone[J]. Guatemala,1967(52):908～918.

P·C·凯勒,姚参林.宝石及其成因[M].北京:冶金工业出版社,1992

Shi G. H, Cui W Y, Tropper P, et al. The petrology of a complex sodic and sodic-calcic amphibole association and its implications for ghe metasomatic processes in the jadeitite area in northwestern Myanmar, formerly Burma[J]. Contributions to Mineralogy and Petrology,2003,145(3):355～367

Yoder H S. The jadeite problem[J]. Am J Sci,1950(248):225～248,312～333